U0293780

中国极地科学战略研究基金项目
（编号20120201）资助

亚洲国家与北极未来

—Asian Countries and the Arctic Future—

主　编：杨剑

副主编：列夫·伦德(Leiv Lunde)

张沛

时事出版社

序　一

2013 年对于北极地区和几个重要的亚洲海洋国家都是一个重要的年份。2013 年 5 月北极理事会于瑞典的基律纳召开部长会议，会议接纳包括中国、韩国、日本、新加坡和印度在内的 6 个国家成为理事会的正式观察员。这对于提升北极问题在全球议程中的地位、对于亚洲海洋国家在北极事务中发挥积极正面的作用，都有着重要的意义。

在过去数十年中，随着气候变化的加剧，在北极出现了生态环境令人忧虑和经济机会反向上升的现象。北极地缘政治也随即进入一个新的活跃期。一些国家行为体和非国家的行为体有关北极的政治活动增加。围绕北极治理的责任和义务分担以及北极资源的利益分配，呈现出较为激烈的政治博弈。在北极，由于气候变暖，人类在北极活动的增加，北极近乎原始的环境和生态受到巨大的挑战，围绕着资源开发与自然生态和社会生态保护之间的矛盾日益突出。如何建立起平衡地区发展和自然环境保护的有效治理制度，成为北极治理的当务之急；另外，如何在全球化时代将域外因素有效地纳入到北极治理中来，也成为北极治理的一个重要课题。

几乎在与北极发生剧烈气候变化同时，亚洲海洋国家的经济持续增长引起了世界的瞩目。从 20 世纪 60 年代开始，日本这只"凤凰"从战争的废墟中得到"重生"，成为了东亚地区经济的"领头雁"。而随后 10 年，"亚洲四小龙"——韩国、新加坡以及中国的台湾和香港地区迅速跟进，照亮了中国的"飞龙在天"之路。中国持续数十年的改革开放使之与世界市场深度融合，促进了中国国内经济社会的全面发展，也使得东亚的大陆地区逐渐成为推动世界经济发展的一个重要引擎。而马来西亚、泰国、菲律宾、越南和印尼在 20 世纪 90 年代的迅速发展，使得东盟地区作为一个整体展现出不同凡响的发展前景。具有世界第二大人口的印度也在新世纪开始的时候迈开了大象般有力的发展步伐。

这些有着传统东方文明的亚洲国家，在 19 世纪以后因为技术的落后以及外族的入侵而失去了既有的发展动力。但在二战结束之后，特别是冷战结束之后，它们得到了快速的发展，也为世界经济发展作出了自己的贡献。构成这些国家的经济快速发展的主要动力，来自于它们对落后的恐惧和跟上西方国家现代化步伐的热望。

亚洲国家的发展承接了发达国家的技术和生产，他们将这种承接当作自身现代化的必由之路，于是欧美国家大量的生产线转移到了亚洲海洋国家。这些亚洲国家成为了"世界工厂"，其对能源和资源的需求也随之迅速上升。北极资源储量的探明和开发前景也使得亚洲国家变成了北极产品（石油、天然气、矿藏、水产品）的潜在市场。由于亚洲国家人口众多，加之最近几十年财富的积累和民众购买力的提升，这个市场更成为一些北极资源国家未来发展的希望所在。在加工生产迅速发展的同时，许多亚洲国家都成为世界重要的贸易国家和航运国家。世界上任何重大航运事件的发生，都会给这些国家的经济带来影响，比如说北极航道的开通就可能给亚洲重要的海洋港口城市带来正面或负面的影响，与航运成本相关的投资和贸易格局会发生变化，经济的不确定性也会因此而增加。亚洲国家同样是北极航道的使用者，随着气候变化和航行条件的改善，亚洲海洋国家会沿着航道的指引进入北极，这是全球化的必然结果。在这些方面，亚洲国家是新来者，需要学习知识和积累经验。

对于北极国家来说，希望非北极国家特别是亚洲海洋国家能全面地了解北极治理的任务，承担起北极治理的责任，作出应有的贡献。在对非北极国家参与北极地区可持续发展寄予希望的同时，北极国家也担心非北极国家的参与会增加治理的难度。

亚洲国家在追赶西方国家现代化的过程中，也体会到工业化对环境、生态和健康带来的负面影响。亚洲国家有着数千年尊重自然文化的传统，它们正迅速地从工业化迷恋中走出来，开始运用亚洲传统知识建立现代生态文明。而且亚洲海洋国家在经济发展的同时，很快就恢复了教育和学术在社会中的作用。继日本之后，韩国、中国、印度和新加坡都在技术和学术研究上取得了明显的进步，成为了北极科研的一支重要力量。这些都成为亚洲国家与北极国家在北极治理问题上开展合作的伦理基础和科研基础。

亚洲国家在感受到北极经济机会的召唤和北极环境治理任务重大的同时，还能感受到部分北极国家对域外国家的排斥。其中原因，既有非北极国家对北极问题认识上的落差，也有部分北极国家在权益、责任和义务安排上的歧视。亚洲国家和北极国家就北极事务应当开展全方位的合作，共同为建设一个和平的北极、环境友好的北极、生态平衡的北极、可持续发展的北极作出各自的贡献。

正是在这样的一个时空背景下，上海国际问题研究院与挪威南森研究所开展了"亚洲国家与北极事务"的专题研究，并于2014年4月在上海举办了"亚洲国家与北极未来"的国际学术研讨会。在这样一个平台上，来自印度、新加坡、韩国、日本、中国的学者认真研究北极地区自然和生态变化的经济影响和社会影响，展现出亚洲国家参与北极事务的正能量——从自然科学、政治环境、法律环境等方面全面深入了解北极；从环境、生态、资源各方面保护好北极；亚洲国家要与北极国家携手努力，确保北极开发以可持续的方式进行。来自挪威、美国、俄罗斯、冰岛、芬兰等北极国家的学者在介绍北极问题最新发展的同时，对北极治理的任务也作了全面的阐述，听取了亚洲国家对北极事务的看法，了解了亚洲国家的政策和实践。北极国家和亚洲国家的学者一起探讨了未来开展合作的领域和方式，达成了共同应对挑战，承担起北极治理和全球治理责任的共识。

这本文集是部分亚洲国家学者和北极国家学者最新研究的结晶。文集的出版，体现了上海国际问题研究院与挪威南森研究所开展合作的成果，也体现了亚洲国家与北极国家围绕北极事务良好合作的起点。我们期待未来。

是为序。

杨　剑

（上海国际问题研究院副院长、研究员

欧洲《北极年鉴》国际编委）

2014 年 7 月 23 日于上海

序　二

北极亚洲利益的北欧视角

自 1958 年成立以来，弗里德约夫·南森研究所（Fridtjof Nansen Institute，FNI）一直关注的一项研究议程就是北极资源的负责任管理。长期以来，北极资源都笼罩在冷战和苏联与西方国家，包括北欧国家之间冰冷关系的阴影下。柏林墙的倒塌，为北极合作开启了一个独特的时代，它见证了大量地区机制的形成，其目的在于管理北极资源，使其为北极国家和更广泛的北极地区造福。与此同时，北极日益具有全球视角，气候变化成为这一关注的催化剂，而且伴随着与此相连的不断增长的商业、旅游和科学利益，到 2014 年，北极问题已被视为一个重要的全球挑战。我们应当从这一视角出发，来判断亚洲不断上升的对北极事务的关注，这种关注在 2013 年随着中国、日本、韩国、印度和新加坡被批准为北极理事会正式观察员而达到顶峰。

2012 年，在挪威研究理事会（Norwegian Research Council）的资助下，南森研究所联合上海国际问题研究院（Shanghai Institutes for International Studies，SIIS）以及亚洲其他合作机构，建立了"亚洲—北极研究项目"（AsiArctic research program，www.asiarctic.no），这本会议论文集就是这一综合研究工作的一部分，其目的在于使读者理解亚洲在参与北极事务中不断演变的政策和立场背后的驱动力。

在本序言中，我将详细解释一个高度相关的根本话题：北欧国家对亚洲国家日益加强的参与北极事务的活动为什么一直保持积极态度？

对于北极理事会来说，让中国、印度、日本、新加坡和韩国成为永久观察员是一个充满争议的决策。长期以来，北极大国俄罗斯和加拿大对此都予以拒绝，而美国则直到最后决策前态度一直不明朗。与此相反，在挪威的引领下，北欧国家强调了亚洲利益的积极方面，并将亚洲地区更多的参与北极事务视为对治理的强化，而且会使北极理事会成为一个目的更加明确的、着眼于未来的论坛。

亚洲对北极的抱负是新现象，因此，北欧国家对它们的感受还没有成为许多系统研究的主体。然而，有些方面是相当明确的。北欧国家是具有现实主义者天赋的务实的制度主义者。它们承认，近来的发展，包括气候变化、贸易、航运和自然资源的发展，有助于北极的全球化。亚洲国家已经来到了北极并留了下来，北欧国家也相信，在一定的参与程度上将亚洲国家整合进地区事务当中，要比排斥它们好得多，因为那将增加它们组成潜在的对北极国家无益的非北极国家联盟的风险。北欧国家看到韩国和中国公司已经同俄罗斯在北极达成了巨额协议，越南石油公司也在几个北极区块上准备同俄罗斯石油公司（Rosneft）进行合作，日本大公司与中国石油和天然气公司正在进入挪威和冰岛大陆架。

而且，北欧国家将北极理事会视为一个包容的政策形塑（poli-cy-shaping）组织，而不是一个排他性的政策决策（policy-making）组织，并认为北极的许多挑战需要全球的而不仅仅是地区的解决方案。一系列政策领域的经验向北欧国家表明，要解决问题，需要所有利益攸关者（stakeholders）的参与。这一点在北极比在其他大多数地区显得更为重要，因为要考虑到经济发展的高风险、高回报的自然特征，以及相关的、需要所有主要行为体来承担基础设施建设的成本，从而使人们能在北极安全无恙地开展商业活动。

然而，北欧国家对亚洲国家参与的积极接纳是以一系列重要条件为基础的。所有非北极国家，不管是英国和德国，还是中国和韩国，都必须尊重北冰洋沿岸国家所拥有的各自陆地、专属经济区和大陆架主权权利，该权利是与《联合国海洋法公约》（United Nations Convention on the Law of the Sea，UNCLOS）的关键特征相一致的。在一般意义上的北极治理和特殊意义上的北极理事会工作机制方面也是如此，要想对北极理事会的议程有所影响，观察员国家必须展现出一种意愿，即愿意在理事会的各种工作组和专门小组中投资和最大限度地运用它们的科学和决策能力。在向理事会提出成为观察员的申请中，这些国家承诺遵守"北极理事会的七条戒律"，包括展示能对促进理事会目标作出贡献的才智和财政能力，尊重规则和北极地区原住民的传统，以及遵守一系列其他相当严格的要求。在2013年基律纳会议之前的几年中，亚洲申请国成功地向北欧国家并逐渐地向美国证实了这一点，它们遵守了所有这些要求，因而应该被接纳为观察员。加拿大和俄罗斯并没有被说服，但在基律纳谈判的最后几个小时里因受到强大压力而减弱了其反对态度。

  总之，北欧国家认为亚洲国家同所有卷入北极的其他国家一样，是受商业本能驱使的，也受到了诸如气候变化、可持续发展和加强科学研究工作等更广泛的全球事务的驱动。北欧国家是先进的福利国家和高度共享公有制经济的混合体，拥有高度开放的经济和自由的国外投资机制。北欧国家是世界贸易组织（World Trade Organization，WTO）的活跃成员，其全球化的公司依赖其他国家的自由贸易政策来获得出口收益。因此，亚洲国家可以冀望未来对北极的投资会得到北欧国家相当积极的反应，只要这些投资不会被视作对北极地区关键战略利益的威胁。充满争议的优尼科（Unocal）模式——中国海洋石油总公司（China National Offshore Oil Corporation，CNOOC）被迫放弃了收购美国独立的优尼科石油公司的案例——在北欧国家的北极事务中是绝不可能发生的，部分原因在于上面所论述的积极态度，另一部分原因则在于主要的交易都会在北欧国家的首都进行讨论而不会关注北极本身。

亚洲参与北欧国家北极地区事务未来有可能缓慢地但却会是稳定地增长。未来气候变化和海冰消融的方式将会影响亚洲投资的步伐和体量，特别是在航运和石油领域。这更多地取决于亚洲国家本身——它们为高风险和更长期的设想进行规划和制定战略的能力，将他们最优秀的人才派遣到北极理事会和其他相关论坛的能力，以及同个别北极国家发展创新战略的能力。就后者而言，一个范例就是中国—北欧北极研究中心（China-Nordic Arctic Research Center，CNARC）的成立，它最初是中国—冰岛之间的一项创举，但逐渐扩展成了使所有北欧国家关键的北极研究中心参与进来的一个组织。第一届"中国—北欧北极研究合作研讨会"于 2013 年 6 月在上海召开，2014 年 6 月在冰岛的阿库雷里召开了第二届研讨会。

近来，俄罗斯和欧洲爆发的地缘政治冲突现在已经扩展到了北极水域，这将抑制曾经是"高北纬，低冲突"的北极地区的发展步伐，包括北方海航道（Northern Sea Route，NSR）的进一步发展。然而，尽管俄罗斯和欧洲之间不断升级的冲突可能会对一些亚洲—北欧在北极的联系，特别是对那些需要使用俄罗斯北方航道的国家产生一些消极影响，但它不大可能会减弱亚洲在北欧北极地区诸如石油、矿产、旅游、科学和通信等领域投资的吸引力。例如，近年来，中国人和韩国人到北欧地区旅游的数量在显著增长，而北极也成为一个愈发具有吸引力的旅游目的地。因此，即使在北极新的地缘政治冲突的时期，北欧和亚洲国家之间在北极进一步发展合作的前景依然是广阔的。

列夫·伦德（Leiv Lunde）

（挪威弗里德约夫·南森研究所所长）

（译者：张沛　校译者：杨立）

2014 年 9 月

目　　录

第三编　北极地缘政治：亚洲和北极国家观点

第一编

北极治理：使命与演进

变化中的北极与适应性治理

奥兰·扬*

译者 杨 立 校译者 张 沛

北极是一片生机勃勃的地区。今天，这一地区的形势与以往大不相同，治理的需求和方式将对未来产生深远的影响。有理由相信，明天的北极将产生大量新的治理需求。因此这一地区的有效治理需要灵活的制度安排，使之不仅能满足未来不断变化的治理需求，同时又不影响其解决当下问题的能力。① 从这一论点出发，我将探讨当前及未来北极地区的治理需求，评估已有和成形中的各项制度安排有效满足需求的能力。在结论部分，我将对中国和其他非北极国家的北极政策建构的进展及其影响作出评论。

一、变化中的北极

20世纪80年代冷战进入末期，1991年末苏联最终解体，北极

---

* 奥兰·扬（Oran Young），美国加利福尼亚大学圣巴巴拉分校教授。本文系作者2014年4月24—25日在上海国际问题研究院参加"亚洲国家与北极未来"会议提交的论文。

① For an application of the analytic framework associated with the concept of resilience to the Arctic see *Arctic Resilience Interim Report 2013*. Stockholm：Stockholm Environment Institute/Stockholm Resilience Centre，2013.

在地缘政治与经济意义上退居国际社会的边缘地带。冷战期间,北极是两大阵营部署核潜艇与远程弹道导弹轰炸机的主战场,但在冷战后的战略环境下,军事活动已非北极地区的战略主流。虽然北极海盆时有潜艇出没,但恐怕没有人会认为北极是国际安全领域的重大关切。北极仍是世界范围内首屈一指的油气存储地。位于阿拉斯加州北坡(North Slope)的普拉德霍湾(Prudhoe Bay)油田的峰值产量为每天200万桶,通过纵贯阿拉斯加的输油管运往南方各个市场。然而20世纪90年代是世界石油市场的低价期,基准油价在20世纪90年代中期跌落至每桶20美元以下(按2011年美元计)。北极油气在国际贸易中的地位有限。随着这一地区退居战略意义上的边缘地带,其在全球范围内的经济吸引力自然也比以往数十年暗淡了许多。

从国际合作的角度看,以上形势又对创新十分有利。很少有人关注北极开发的全球意义。但是仅关注地区事务的人们却发现各国对于机制创新的抵制并不是前进道路中的阻碍。结果是,1990年国际北极科学委员会(International Arctic Science Committee)得以成立,其后是北极环境保护战略的制定,1991/1993年北方论坛(Northern Forum)的设立,1993年巴伦支海—欧洲北极地区(Barents Euro-Arctic Region)的划定和1996年北极理事会(Arctic Council)的最终设立。从整体上看,这些合作机制是一项了不起的业绩,北极地区自此走上了合作的道路,在以后的岁月里结出了丰硕的合作成果。许多人将这一地区的合作视作人类在地区层面成功促进合作与可持续发展的标杆。

近年来发生的诸多变化极大地改变了北极的地位。[①] 气候变化

---

① See the essays collected in James Kraska ed., *Arctic Security in an Age of Climate Change*, Cambridge:Cambridge University Press, 2011; Paul A. Berkman and Alexander Vylegzhanin eds., *Environmental Security in the Arctic Ocean*, Dordrecht:Springer, 2012, and Kristine Offerdal and Rolf Tammes eds., *Geopolitics and society in the Arctic*, London:Routledge, 2014.

的严重负面效应在北极地区体现得最为突出。不仅如此，这些变化还让北极向商业运输、自然资源开采（矿产与油气资源）、探险旅游等人类活动敞开了大门。作为一片特殊领地的北极与全球体系的联系变得更为紧密。当然，目前看来，北极并没有朝着成为冲突区的方向发展。不过，诸如欧盟以及包括中国在内的亚洲国家等非北极国家，对于北极愈来愈浓厚的兴趣也是很容易理解的。

北极与全球体系间存在的是环境、经济和政治联系。气候变化对北极的影响远远超过海冰的消融，其他影响还包括海洋的酸化、沿海风暴的加剧、永冻层的融化以及格陵兰岛冰盖的不稳定。环境联系还包括来自北极地区以外、通过空气和水等媒介大量涌入北极的污染物，如持久性有机污染物（POPs）、重金属（如汞）以及炭黑等。由北极航道与丰富的油气供应凝聚而成的全球市场力量，决定了人类对于北极商业运输和资源开采日益增长的兴趣。北极事务引发的冲突通常以各方商定的方式解决，其影响力有限，但这一地区对于全球地缘政治博弈的敏感度正在逐步提高，比如折射东西紧张关系的乌克兰危机和中国复兴的影响力。上述各区域—全球联系的共同特点是：外部力量成了扮演地区事务的重要决定因素。因此，北极治理必须找到应对外部力量影响的有效方式，而非狭隘地认为北极治理可以在一个与外部环境、经济、政治力量的影响相隔绝的封闭系统下完成。这意味着，非北极国家在表达对北极的兴趣的同时，必须表明其愿意承担塑造北极命运的共同责任。

在此种情形下，我们有必要区分那些仅依靠地区机制（如北极理事会）即可有效满足北极治理需求的制度安排和那些必须通过与域外力量互动方能满足治理需求的机制。有几个案例可以说明其重要性。尽管决定北极航道吸引力的因素是全球性的，但是增强北极地区搜救能力的需求仅在北极理事会中即可解决。2011 年在北极理事会框架下达成的《北极地区空海搜救协议》①（Agreement on Cooperation on Aeronautical and Maritime Search and Rescue）就是一例。尽管全球市场力量决定着北极地区大规模开采油气的前景，然而对于北极海域石油泄漏的防范和应对在地区层面即可有效解决。2013 年 5 月，在瑞典基律纳举行的北极理事会部长级会议上签署的《北极海洋油污防范及应变合作协议》（Agreement on Cooperation on Marine Oil Pollution Preparedness and Response）就是一例。② 尽管全球性的经济和政治力量将决定气候变化对北极的影响，然而对于此类影响的适应性问题只是一个地区性议题。北极理事会正在开展的"变化中的北极与适应性行动"（Adaptation Actions for a Changing Arctic）是现阶段一项合适的倡议。③ 因而，从众多治理需求中选出地区性需求，将它们划归为北极理事会的职责，同时承认某些需求无法由地区性方案满足，只能诉诸更广范围的机制，是十分必要的。

二、北极治理"马赛克"

北极治理体系的核心元素是 20 世纪 90 年代达成的各项协议的产物，近 20 年来一直发挥着良好的作用。比如，北极理事会解决大量地区性议题的效率比 1996 年设立此机制时所设想的要高出许多。④ 尽管受制于政府间组织所具有的种种局限性，北极理事会在

① The full text of the agreement signed on the occasion of the Arctic Council Ministerial Meeting in Nuuk, Greenland on 12 May 2011 is available at www. artic-council. org.

② Full text of the agreement available at www. arctic-council. org.

③ For information on this project carried out under the auspices of the council's Arctic Monitoring and Assessment Programme, see www. amap. no/adaptation-actions-for-a-changing-arctic-part-c.

④ Paula Kankaanpääand Oran R. Young, "The Effectiveness of the Arctic Council," *Polar Research*, 31 (2012), http: //dx. doi. org/10. 3402/polar. v31i0. 17176.

查找议题、从政策角度考量议题并将其摆在政策议程的突出位置上仍然做得相当成功。然而，在理事会即将迎来 20 周年纪念之际，现行框架下的种种制度安排显然已经无法满足北极地区目前和今后即将凸显的各类治理需求。如何使当前的制度安排适应并满足这些治理需求，已成为日益紧迫和突出的问题。

一些政府和非政府机构，如欧盟、世界自然基金会（World Wildlife Fund）经常援引南极条约体系作为参照，提议设立一个综合性且具有法律约束力的北极条约。但这一提议在可预见的未来不是一个现实的选项。① 两极地区间的这一类比无法说明问题的本质。因为，北极与南极的情况并不相同，前者是一片居住着近 400万永久人口而且早已被高度军事化的地区，同时又是进行着各类世界级工业作业的地区。② 此外，5 个北极沿海国早已明确表示不支持此类提议。尽管这些国家在将来或许会改变态度，但是在今后的5—10 年间恐怕暂时还不会出现这种可能性。

当然还有其他一些理由可以说明当前并不适合设计这样一个综合性的北极条约。各方总要在一份条约是否具有法律约束性和是否有意愿成为协约国之间，在条约的实质性条款的内容和协商条约并使其生效所需要花费的时间之间拿出折衷方案。一份有分量的北极条约必定包含艰苦而持久的谈判及生效过程，而且恐怕至少会有一个北极沿海国家无法通过这一条约。况且，在绝少情况下具有法律约束力的条约会兼具灵活性。虽然具体条款可以规定允许加入修正案，但这类条款通常复杂到难以落实，而且在政治上又十分敏感。诸如此类的难题在南极条约体系的实践中已经暴露得十分明显。

那么，如果一份综合性的条约无法解决北极治理的问题，还有

---

① Oran R. Young, "If an Arctic Treaty is not the Solution, What is the Alternative?" *Polar Record*, 47 (2011), pp. 327 – 334.

② *Arctic Human Development Report*, a report to the Arctic Council. Akureyri: Stefansson Arctic Institute, 2004.

别的选择吗？就现阶段来讲，恐怕还是继续完善各类治理机制的"马赛克"来得可行一些。"马赛克"的特征是构成整体的要素各不相同，但却共同指向一片空间上明确划定的区域，彼此没有从属关系，也不存在任何顶层的统领机制。① 以北极为例，这一地区正在显现的制度性马赛克包含了六大要素：（1）由与北极有关的全球组织制定的全球性协定和体系；（2）北极理事会；（3）地方性的管控机制；（4）公私伙伴关系；（5）处理共同关切的北极事务的非正式机制；（6）全体会议机制。

1982 年的《联合国海洋法公约》是适用于包括北极海域在内的地球所有海域内人类活动的基础性框架协议。② 该公约中一项针对冰层覆盖海域的单独条款（第 234 条）允许北极沿海国家采取特殊措施保护海洋系统。由于北极海域的开放程度逐渐增加，公约第 76 条中关于取消外大陆架司法管辖权限制的规定具有重大意义。国际海事组织的一些公约，如《国际海上人命安全公约》（International Convention for Safety of Life at Sea）、《国际防止船舶造成污染公约》（International Convention for the Prevention of Pollution from Ships）也适用于北极地区。国际海事组织目前正在其框架下协商一份具有法律约束力的《极地行为准则》（Polar Code），主要涉及北极海域商船的设计、制造和运营。该准则向所有国际海事组织成员国开放。另有一些国际公约，如 2001 年的《关于持久性有机污染物的斯德哥尔摩公约》（Stockholm Convention on

---

① There are clear similarities between this notion of an institutional mosaic and the idea of a regime complex that has been a focus of attention in recent literature on international governance. The difference is that a mosaic involves separate arrangements that all deal with a more or less well-defined region, while a complex includes separate arrangements dealing with a common issue domain（e. g. climate change）. See Amandine Orsini, Jean-Frederic Morin, and Oran R. Young, "Regime Complexes: A Buzz, a Boom, or a Boost for Global Governance," *Global Governance*, 19（2013）, pp. 27 – 39.

② Michael Byers, *International Law and the Arctic*, Cambridge: Cambridge University Press, 2013.

Persistent Organic Pollutants）和 2013 年的《关于汞的水俣公约》（Minamata Convention on Mercury）同样适用于北极地区。在一些案例中，北极地区的正当关切在某些公约的协商过程中得到了考虑。①

北极理事会是由 8 个北极国家在 1996 年《渥太华宣言》下设立的高层论坛，旨在应对北极地区的环境保护和可持续发展等议题。② 理事会并非正式的政府间组织，但是在确定北极地区重大议题并将其纳入政策维度来考量方面，的确做得相当成功。其将原住民组织作为永久参与者的做法，可以说是一种极具创新性的制度安排。近来，理事会正就其特别关注的议题中的某些特殊问题举行磋商，争取达成相关协议。2011 年的搜救协议和 2013 年的预防和应对石油污染协议很好地体现了这一趋势。

北极治理机制"马赛克"的另一项要素是在保护个别物种或划设海洋保护限制区上进行制度安排。1973 年通过的《北极五国极地协议》是前者最突出的例子。③ 而目前正在制定的通过在《生物多样性公约》（Convention on Biological Diversity）框架下划设"生态和生物敏感区域"（Ecologically and Biologically Sensitive Areas）或在《国际防止船舶造成污染公约》框架下划定"特别敏感水域"（Particularly Sensitive Seas Areas），以便保护北极地区的"海洋大生态系统"（Large Marine Ecosystems），则是后者最突出的例子。1920 年《斯匹次卑尔根条约》（Treaty of Spitsbergen）长期奉行的关于斯瓦尔巴德群岛（Svalbard Archipelago）的国际机制，

---

① David L. Downie and Terry Fenge eds., *Northern Lights against POPs*, Montreal and Kingston: McGill-Queen's University Press, 2002.

② Thomas Axworthy, Timo Koivurova, and Waliul Hasanat eds., *The Arctic Council: Its Place in the Future of Arctic Governance*, Toronto: Munk School of Global Affairs, 2012.

③ Anne Fikkan, Gail Osherenko, and Alexander Arikainen, "Polar Bears: The Importance of Simplicity," pp. 96 – 151, in Oran R. Young and Gail Osherenko eds., *Polar Politics: Creating International Environmental Regimes*, Ithaca: Cornell University Press, 1993.

则是一种不同的制度安排,针对的是北极地区内有明确空间定义的区域。①

北极治理"马赛克"还包括为应对共同议题而建立的公私伙伴制度。一个显著的例子是国际船级社协会运行着一套为每艘船只划定破冰等级的系统,而国际海事组织则负责制定《极地行为准则》。各种制度相结合,就能在设计北极地区航运安全制度中起重要作用。未来公私伙伴制度的蓬勃发展将出现在与北极地区商业航运和资源开采有关的基础设施建设领域。

最后,北极治理"马赛克"还有两类非正式机制。

一些非正式机制为各方在非公开场合增进私人互动、建立互信、探讨新型理念提供了机会。最突出的例子应该算每年在挪威特罗姆瑟举办的由来自俄罗斯和西方国家的关注北极政策的专家参加的北极边界会议(Arctic Frontiers conference)。其他的例子有北太平洋北极会议(North Pacific Arctic Conferences),自2011年起,它为亚洲国家(如中国、日本、韩国等)和北极国家②的个人提供了一个非正式的交流场所,以及多年来为对北极商机有着浓厚兴趣的人士提供会面场所的世界经济论坛。③

另一项非正式机制是北极圈全体会议。这是一个聚集域内域外关注北极事务的各行各业人士的会议,首次会议于2013年秋在冰岛举行。④ 尽管目前尚不清楚北极圈大会将以何种方式在北极治理

---

① Elen C. Singh and Artemy A. Saguirian, "The Svalbard Archipelago: The Role of Surrogate Negotiators," pp. 56 – 95, in Oran R. Young and Gail Osherenko eds. , *Polar Politics: Creating International Environment Regimes.* , Ithaca: Cornell University Press, 1993.

② Oran R. Young, Jong Deog Kim, and Yoon Hyung Kim eds. , *The Arctic in World Affairs: A North Pacific Dialogue on the Future of the Arctic*, Seoul and Honolulu: Korea Maritime Institute and the East-West Center, 2013.

③ World Economic Council Global Agenda Council on the Arctic, "Demystifying the Arctic," January 2014, http://library. arcticportal. org/1757.

④ The website describes the Arctic Circle as "…a nexus where art intersects with science, architecture, education, and activism", www. thearcticcirle. org.

"马赛克"中占据何种特殊位置，但在现阶段，这一会议已经开始显现众多类似年度贸易洽谈会的特点：北极各种创新理念的生产者和消费者交换想法，为对北极事务感兴趣人士构建一张广泛的交际网络，并提供非正式交流的场所。这一会议的作用不同于作为政府间机制的北极理事会，也不同于为对北极事务有特定兴趣的人士提供非正式磋商场合的其他非正式机制。

三、整合与适应能力

与空间明确划定的区域相关的治理"马赛克"与制度综合体（regime complexes）一样，存在一个一端是整合另一端是碎片化的光谱。[①] 在某些情况下，分工相对明确，主要元素得以相互配合，从而提高治理的有效性。但是并不能据此认为单个元素对于不同的治理需求总能作出回应，因为提出需求的主体有所不同，且这些主体的利益需求不同，建立时间不同，形式也往往不同。在某些情形下，单个元素可以对不同利益群体的特殊关切而非共同关切作出回应。因而，我们有必要以批判的态度来查找北极治理"马赛克"中的重叠或空隙，而且需要进一步考虑目前是否存在某些机制能够推动这种治理"马赛克"的进一步整合。有以下几种可能性值得考虑。

思考那些不适合由如国际海事组织一类的国际组织来处理，而是由北极理事会之类的地区组织应对的议题的特性，这一点非常重要。比如，寻找适应气候变化影响的方法是地区议题，而采取减少温室气体排放的措施则需要全球参与。北极理事会在"变化中的

---

① Robert O. Keohane and David G. Victor, "The Regime Complex for Climate Change," *Perspectives on Politics*, 9 (2009): pp. 7–23.

北极与适应性行动"中所体现的主动性是很好的例子。若要推动治理体系的进一步整合，就必须在地区行动和域外国家行动中作出区分。在后一种情况下（比如处理来自北极以外的污染物、炭黑的防治等），北极理事会可以通过明确表达北极居民的关切来起到相关作用。但是拿出切实有效的方案来解决问题则需要非北极国家（比如在 2001 年斯德哥尔摩大会中的协商国）采取行动。

在其他情况下，则需要将地区协议嵌入到更宽泛的国际治理体系中。北极理事会 2013 年关于石油污染预防和应对的协议与 1990 年在国际海事组织框架下制定的一项全球性制度安排——《石油污染预防、应对与合作公约》——之间的联系，是有意为之的建设性举措。有人批评 2013 年的协议没有触及石油泄漏的防治问题。考虑到当前北极地区的发展趋势，石油泄漏的确会造成极大危害，这种批评的声音是可以理解的，而且向有关方面继续施压，迫使其进一步采取措施解决这一问题，同样十分重要。[1] 不过，2013 年的协议将一系列全球层面的措施运用到了地区治理上，这一点毫无疑问地给这份协议的意义加了分。

除此之外，还存在这样一种可能性，即北极理事会或许能够在北极治理"马赛克"中于彼此不同的要素间扮演协调方的角色。在现阶段，关于航运、油气开发、矿业、渔业、野生动物保护、旅游、科考合作等方面的各项倡议仍在各自不同的轨道上推进，但彼此之间又相互影响。只要想一想海洋哺乳动物、商业航运以及油气开发之间的关系，就能明白其中的道理。在这些方面，北极理事会缺乏制定有约束力的决策的权威，此种局限性在短期内无法改观。然而理事会有一项职权，可以将上述议题纳入其决策过程，而且理事会已经开始培养其发现并以建设性方式探讨处理此类问题的能力

（主要通过工作小组的活动进行），这方面的成功经验将有助于北极治理"马赛克"的进一步整合。

上文已提及北极是一片生机勃勃的地区，目前，有效并及时的适应能力将是北极治理"马赛克"成功的关键。这种适应性是一般性的，即所有治理体系中都存在的。所以，对于将来的变革有预警作用的观察和检测系统是必备的。扩大科学与政策的交界面将有助于联合催生各类治理安排。设计恰当的工具，以便在不同情况下制定和评估相关政策，是值得尝试的努力。不过，针对当前北极治理特殊需求的适应性制度，还需要做一些思考。

从适应性的角度看，北极治理体系没有呈现一种全面的具有法律约束性的特征，反倒成了一种优势。众所周知，全面和具有法律约束性的协议很难满足由于环境的不断变化而产生的治理需求的变化。1959 年的南极条约对于北极治理而言就是一个很有说服力的例证。该条约允许缔约方有权要求在条约生效 30 年之后（即 1991 年及其后的任意时间，因为条约于 1961 年生效）[1]组织一场评审会议，但是从 1991 年至今，没有任何一方提出过类似的要求，尽管南极地区的治理问题正在凸现。各方普遍担心，召开一次评审会议就如同打开了潘多拉魔盒，一系列复杂的问题不可能以建设性的方式得到解决。结果是，各方得出结论，认为新产生的问题应当以协商出台独立的议定书（如《关于环境保护的南极条约议定书》）或特殊的协定（如《南极海洋生物资源养护公约》）来处理。但是自 1991 年的环境议定书之后，便再也没有相关的任何倡议了。

就法律地位而言，北极治理"马赛克"混合了多种制度安排。某些单个的制度具有法律约束力，比如关于持久性有机污染物的

---

[1] Thus, Art XII (1) (b) states that if any Contracting Party makes such a request "…a Conference of the Contracting Parties shall be held as soon as practicable to review the operation of the Treaty".

《斯德哥尔摩公约》和在北极理事会框架下通过的搜救协议。有趣的是，当前正在国际海事组织框架下商讨的极地行为准则，将作为一种具有法律约束力的规约制度，取代2002年通过的一整套关于北极地区商业航运的自愿型指导准则。这类制度安排意义重大。相比之下，北约理事会仅仅是一份不具备法律约束力的部长级宣言。虽然有人想将理事会正式化，但在不远的将来这一愿望恐怕还难以实现。作为鼓励北极议题科学研究的最主要机制国际北极科学委员会，是所有参与国的学术机构经过协商建立的政府间组织。① 而诸如北极边界和北太平洋北极会议这类机制，当然仅仅作为非正式的交流机制，为单个北极事务参与方提供了交流的场合与机会。尽管这一"马赛克"看起来有些混乱，但是从适应性治理的角度而言，这一变动中的治理体系并非乏善可陈。这一体系使得正式化过程成为可能，同时也更容易适应环境的不断变化。

对于占据北极治理"马赛克"中心地位的北极理事会，某些相关方面的人士迫切希望将其变得更正式，转变为"正规的"政府间组织。不过，北极治理体系正处于演变过程中，这一想法至少在现阶段显得并不明智。正式化过程也许会将理事会中最具创新性的某些治理特性边缘化（比如永久居民的特殊作用），并使得这一机制的最重要特性在将来的某个时间点变得十分僵化。现阶段北极理事会需要作出某些重要调整。比如，理事会的机制生产能力需要得到进一步的承认和理解。与观察国相关的条款显得有些运转不灵。理事会下设的多个工作组需要与国际北极科学委员会进一步建立富有成效的合作关系。理事会还需要为其运作建立定期预算制度，以便决策者能克服机会主义的规划模式，以长远眼光合

---

① For the text of The Founding Articles of the International Arctic Science Committee, adopted in August 1990, see: www.iasc.info/files/IASC_ Handbook. pdf. Among other things, the non-governmental status of IASC makes participation on the part of non-Arctic members comparatively easy. The committee currently has 21 members, the eight Arctic countries and thirteen others.

理地擘划理事会的未来工程。但是，必须看到，北极正在经历重大转型，因此理事会的外部条件也在迅速发生变化。尽管正式化有诸多好处，但是北极理事会的成功主要还在于其能轻松适应快速变化的外部环境。

三、对中国和其他非北极国家的启示

由于本文的讨论对象是非北极国家的诸多关切，我将依据自己的观察提出北极活动对于非北极国家（和非国家行为体）的某些影响。我会重点谈及中国，因为近来中国对北极事务的关注正明显增加，其在国际舞台上的迅速崛起，使得作为地缘经济与政治重要力量的中国对于北极未来的影响已经变得无法忽视。我把自己的思路总结为以下 5 个要点：

第一，以积极的态度对待北极理事会，但期望值不可过高。北极理事会的观察国身份是一项重要的资产，但并不意味着由此便可影响北极治理的方式，因为北极理事会本身的作用就有局限性。其最佳的前景是，观察国可以在北极理事会工作组这一层级参与北极事务，特别是更为积极地参与具体的北极项目（比如北极人类发展报告二期工程、北极抗御力报告、变化中的北极与适应性行动等）。

第二，鼓励商业活动，但不要将其视为政治战略的一部分。从世界其他地区的情况可以理解这一问题的敏感性：外国投资和商业计划常常是政治战略的重要组成部分。[①] 这一点在中国与格陵兰、冰岛两个北极小国的商业交往中体现得最为明显。难点就在一方面

① See Elizabeth C. Economy and Michael Levi, *By All Means Necessary*: *How China's Resource Quest is Changing the World*. New York: Oxford University Press, 2014.

要不影响商业活动的正常开展，另一方面又要照顾到某些国家的政治关切。

第三，以提供公共产品的方式积极参与北极地区负责任开发所需要的基础设施建设。由于存在搭顺风车的倾向和公共领域对于基础设施投入的反感，基础设施（比如航运和实现北极域内、域外联通的信息技术工程）建设目前仍然供给不足，尽管其重要性不言而喻。包括中国在内的多个非北极国家有能力为不同的使用者提供北极基础设施开发服务。

第四，以审慎的方式对待北极永久居民的关切。北极地区400万居民对于家园的关切理应得到认真的思考和对待。更何况这些居民中还包括了北极原住民团体，他们世代居于北极并且在遥远的未来仍然会以这片区域为家园。所以，他们不仅仅是北极的利益攸关方，更是权利归属者，不顾及北极居民的活动倡议显然难以为继。

第五，扩大科研与政策的交界面，支持北极知识与政策的联合产出。北极理事会的工作组吸纳了诸多拥有科学素养、具备科学评估能力的专业人士。目前缺少的是将科学评估与活动和科学知识联系起来的强有力的纽带。因此就需要在北极理事会（及其工作组）和国际北极科学委员会（包括中国在内的非北极国家可以成员国身份加入这一组织）之间建立富有成效的合作关系。

四、余论

生机勃勃的北极地区给治理带来了挑战和机遇。称其为挑战，是因为我们不能指望由过去的种种条件催生出的制度安排能满足当前以及今后北极地区的诸多治理需求。不难想象，抱残守缺地坚持现行体制必将引发日后严重的治理失效。然而与挑战相伴而生的是机遇。北极治理"马赛克"在后冷战时代得以迅速发展。北极治理已经取得了令人意外的积极成果。今天的北极是众所周知的和平地区，尽管乌克兰危机导致东西方的紧张关系，某些人士担心中国崛起为世界大国将带来负面影响，北极的和平趋势却不会改变。北极治理体系未被纳入一个综合且具有法律约束力的协定反倒成了一种优势，使得北极治理能让一个正处于转型期的地区迅速且有效地适应不断变化的外部环境。

论北极治理机制及域外因素的纳入

杨　剑*

根据科学预测，在未来的几十年中，气候变化将使北极地区[①]的自然环境从一个人不可及的荒原变成一个新的自然系统，北冰洋也将从持续数千年的海洋冰盖变为季节性的无冰海洋。这一变化发展之迅速，远远超出了人们先前的预计。[②] 依托于自然而生存的人类社会必须调整自己的经验、生产和社会功能，并建立起新的社会治理机制来适应新的自然系统。1996 年，北冰洋沿岸国和在北极地区拥有领土的国家最先组织起来成立了北极理事会，如今该理事会已成为区域治理最重要的机制。

然而，北极环境变化的原因不只源于域内因素，且融冰的影响涉及全球。另外，在一个经济相互依赖的全球化时代，将域外行为

---

* 杨剑，上海国际问题研究院副院长、研究员，欧洲《北极年鉴》国际评委。

① 北极地区包括了北极极点附近地区，以及北极圈内土地和海洋，也就是北纬 66°32′以北地区。其中包括北冰洋和 8 个国家的部分或全部领土。这 8 个国家分别是美国、加拿大、俄罗斯、丹麦（格陵兰）、芬兰、冰岛、挪威和瑞典。另外关于北极区域的划分方法还有"等温线"和"树木生长线"等划分法，以及北极冰层的分布规律的划分方法等。

② 2012 年 9 月北极夏季海冰范围减少再次创历史纪录，达到 347 万平方公里，而 1980 年同一月份的海冰范围约为 780 万平方公里。过去几十年，海冰面积是按照每 10 年 8% 的速度缩减。北极地区温度上升、永久冻土层解冻，以及冰川、冰架大面积融化，海冰面积锐减等现象强有力地证明了全球变暖对北极海域产生了重大影响；而北极海域导致的冰层融化将会反作用于全球气候系统，加速引起全球气候变暖。参见：Arctic Council, Arctic Marine Shipping Assessment 2009 Report （AMSA），http：//www. arctic. gov/publications/AMSA_ 2009_ Report_ 2nd_ print. pdf；Arctic Climate impact assessment, http：//www. acia. uaf. edu/PDFs/ACIA_ Policy_ Document. pdf。

体拒绝于北极经济机会之外也是难以为继的。因此北极治理从一开始就存在着是否以及如何纳入域外国家参与的问题。在2013年5月于瑞典基律纳召开的部长会议上，北极理事会接纳中国、韩国、日本、意大利、新加坡、印度等国成为正式观察员的申请。这次会议最重要的突破就是北极治理进一步纳入了域内外国家的互动关系。本文拟从区域公共产品的提供以及域内国家与域外国家的互动关系考察北极治理机制的变化，进而以中国为例说明重要域外国家参与北极治理的责任和利益定位，以及对完善治理机制的作用。

一、北极治理的任务和对治理机制效率的评价

随着气候变化的加剧，北极地区出现了环境恶化和经济机会反向上升的现象。这一现象推动着北极地缘政治进入一个新的活跃期。其主要表现为，北极治理已成为国际社会的一个重要议程，北极区域政治和治理结构处于快速变化之中；国家的和非国家的行为体在北极和关于北极的政治活动增加，围绕北极治理的责任、义务分担以及北极资源的利益分配呈现较为激烈的政治博弈。总体而言，北极治理存在着三大矛盾，分别是资源开发与自然生态和社会生态保护之间的矛盾、北极地区国家利益与人类共同利益之间的矛盾、国际行为体积极活动与治理机制相对滞后之间的矛盾。处理并解决好这三大矛盾，则是北极治理的最重要的任务。以下分别对这三大矛盾加以说明：

（一）资源开发与环境和生态保护之间的矛盾

气候变化增加了北极资源的可开发性。人们在共同应对气候变

化的同时，对开发北极能源、航运、渔业以及旅游业的机会也倍感兴趣。根据美国国家地质勘探局于 2008 年 7 月发布的报告称，北极圈以北地区技术上可开采的石油储量和天然气储量，分别占世界剩余天然气的 30% 和世界未开发石油的 13%。北极是一个资源储量极为丰富的地区。① 随着北极气候升温的加剧及冰层变薄，北极蕴藏的丰富的油气资源和其他矿产资源吸引了各国企业进入北极，为大规模开发做先期准备。②

另外，随着北冰洋航线无冰期的不断延长，加上欧洲商船穿越北极航道的试航成功，都预示着北冰洋作为世界重要贸易运输线的前景。③ 欧洲的一项研究表明，从欧洲荷兰的鹿特丹到上海的商船如果取道北极北方海航道比走经过苏伊士运河的传统航线省时省路程，在时间上会从 30 天减为 14 天，在距离上则减少约 5000 千米。④ 航运的时间和距离的减少都意味着成本的

---

① USGS, "Assessment of Undicovered oil and Gas in the Arctic", http：//www. usgs. gov/newsroom/article. asp? ID = 1980&from = rss_ home.

② 从 2008 年开始，荷兰皇家壳牌有限公司、雪佛龙公司、康菲公司、挪威国家石油公司、艾克森美孚以及英国石油公司，先后加入了北极油气的预备钻探作业。2011 年 8 月，俄罗斯石油公司（Rosneft）与美国能源巨头艾克森美孚公司签署合作协议，共同勘探开发北极油气资源。俄罗斯开始开采离岸的什托克曼（shtokman）石油和亚马尔（Yamal）天然气，准备将来供应东亚地区市场。挪威也是开采北极巴伦支海油气资源的积极者，2012 年 6 月，挪威方面宣布对该海域 72 个新区域颁发了油气开采许可。格陵兰、加拿大也是北极矿产资源的重要拥有者，格陵兰拥有丰富的铁、铅、锌、金等矿产，Kvannefjeld 地区是世界上最大的稀土矿藏储存地之一。加拿大和美国在波弗特海（Beaufort）附近已经开采石油多年。而且加拿大北极地区是世界第二大的铀矿生产地。参见：Fridtjof Nansen Institute and DNV, "Arctic Resource Development：Risk and Responsible Management", 2012, pp. 10 – 11。

③ 北极航运包括了北极内部航运、北极域内港口到域外港口的航运、穿越北极的跨洋航运三类。从目前状况看，北极相关航运主要承担的是夏季北极地区内部的运输，比如说格陵兰沿海航运、加拿大北极群岛航运，以及在巴伦支海附近俄罗斯和北欧国家之间的航运等，穿越北极连接大西洋和太平洋的航运线路还在形成之中，其中包括连接欧洲和东亚的靠近俄罗斯北冰洋沿海的北方海航道（NSR）、连接东亚和北美东海岸的经过加拿大北极群岛的西北航道（NPW）以及穿极航道（TSR）。

④ Hahl, Martti, "What's Next in the Arctic?", in BalticRim Economies：Special Issue on the Future of the Arctic, no. 2, 27 March 2013, p. 3, http：//www. utu. fi/fi/yksikot/tse/yksikot/PEI/BRE/Documents/2013/BRE%202 – 2013%20web.

下降，而且围绕航线建设很可能在北极形成一个新的世界经济带。

对北极资源和航道的开发将给世界经济带来巨大益处。人类在北极的商业活动的增加，已开始导致脆弱的北极自然生态环境恶化，并给该地区原住民的传统社会生态带来风险。北冰洋航道一旦发生油船泄漏等污染事件，对海洋生态环境将造成无以复加的破坏。海冰若被石油污染就永远无法清除，污染将威胁以大块浮冰为依托的海象、海豹和北极熊的生存。因此，北极资源开发及其自然、社会生态保护之间的矛盾，已成为目前北极治理的核心矛盾之一，北极治理机制必须对此作出有效反应。

（二）北极地区国家的利益与人类共同的利益之间的矛盾

利益驱动使得相关国家迅速制定北极战略和政策，对北极政治地貌进行有利于自己的划分（remaping），重新调整本国在北极地缘经济和地缘政治版图中的定位（repositioning），对北极政治和治理机制进行有利于自己的重新建构（reconstructing）。① 这些战略举动对北极国家的利益与人类共同的利益的平衡构成了巨大挑战。

在新的自然环境和地缘经济条件下，北冰洋沿岸国愈发强势地主张它们对北冰洋的主权、主权权利以及管辖权。俄罗斯（2001年）、挪威（2006年）、冰岛（2009年）、丹麦（2009年）等都先

---

① Lassi Heininen, "Arctic Strategies and Policies: Inventory and Comparative Study", Northern Research Forum, August 2011, pp. 67 - 81.

后向联合国大陆架界限委员会提出了划定北极海域外大陆架的申请。① 根据《联合国海洋法公约》，大陆架以外的海底区域属于国际海底区域，是全人类的共同财产。北冰洋沿岸国拓展海洋权利的主张势必压缩北冰洋人类共有区域的面积，进而影响世界其他国家在这一区域的权益。《联合国海洋法公约》本身是治理全球海洋事务的制度，是治理的工具，但值得注意的是，这一制度也会引发新的权利诉求并激起新的国际争议。

另外一些涉及区域国家的利益和人类共同的利益相矛盾的现象还包括：围绕西北航道和北方海航道部分区域是属于内水还是"国际海峡"问题，加拿大和俄罗斯与世界主要航运国家存在着水道的法律地位属性之争。② 此外，北极国家或地区的经济过度发展或以非环保方式发展，可能使当地人民得到发展的实惠，但发展的成本和不良后果，特别是恶化的生态和气候会累及全球。另一个特殊的例子是，部分北极原住民有猎食海豹并出售海豹手工制品的习俗。一些北极国家（如加拿大）以保护原住民社会生态的名义认定这些活动合法，而域外国家（如欧盟成员国）就反对捕杀海豹并禁止海豹制品在欧盟区域内销售，其目的是拯救濒危动物，保护人类所依赖的地球生物链的完整性。这一冲突也成了加拿大拒绝欧盟成为正式观察员国的理由之一。③

---

① 《联合国海洋法公约》第 76 条规定："沿海国大陆架在海床上的外部界限的各定点不应超过从测算领海宽度的基线量起 350 海里，或不应超过连接 2500 公尺深度各点的 2500 公尺等深线 100 海里。"各国要向联合国大陆架界限委员会提出有效科学证据并获得审议和通过，才能获得联合国海洋法所规定的界限划定和相应的权利。

② 刘惠荣、董跃：《海洋法视角下的北极法律问题研究》，中国政法大学出版社，2012 年版，第 131—145 页。并参见欧盟报告：European Commission, *Legal aspects of Arctic shipping*: *Summary Report*, February 2010, No. FISH/2006/09 – LOT2, p. 3.

③ Samantha Dawson, "No Seal, No Deal" petition wants Canada to block EU from Arctic Council, Nunatsiaq on line, April 22, 2013, http://www.nunatsiaqonline.ca/stories/article/65674no_seal_no_deal_petition_wants_canada_to_block_eu_from_arctic_council/.

（三）人类活动的增加与北极治理机制的滞后性之间的矛盾

社会治理机制体现的是一个社会系统各构成要素之间围绕治理任务进行相互作用的关系及其功能。良好的机制可以保证在外部条件发生不确定变化时，能自动并迅速作出反应，调整策略并有效投放社会资源，实现社会系统和社会产出的正向发展。随着北极的加速升温、海冰的消融，商业航运、油气开发、矿产开采、捕鱼以及旅游等人类活动将逐渐增多。参与北极活动的行为体包括国家、国际组织、企业、科学家组织、原住民组织、旅行者等。现行机制未能与新的社会活动现象同步改进，显示出严重的滞后性。

北极理事会是在冷战结束不久后的 1996 年建立的。最初它是一个区域性的、议题狭窄的、松散的论坛性质的治理机制。2009年世界自然基金会（WWF）将北极理事会治理机制的滞后性和主要缺陷归纳为：（1）缺乏法律义务的约束；（2）缺少执行机构；（3）参与者有限，特别是对域外国家限制极大；（4）没有常设的独立秘书处；（5）缺乏集中的建设资金。① 这一机制反映了冷战后的北极国家谨慎合作的过程，也反映出北极国家对北极变化及其影响逐渐认识的过程，历史局限性十分明显。虽然近几年北极理事会增设了常设秘书处，在搜救和防污染领域提升了法律义务的约束，但机制的滞后性还是十分严重。

北极治理机制要想应对自然和社会的快速变化，就应当建立一种全面的、多层级的、高度整合的、能促进区域总体发展并减少负面外部性的、具有支配性的政治和法律安排的机制。这样一个治理

---

① Koivurova & Molenaar, International Governance and Regulation of the Marine Arctic: Overview and Gap Analysis, A report prepared for the WWF International International Arctic Programme. 2009, p. 35, http://www.wwf.se/source.php/1223579/International% 20Governance% 20and% 20Regulation% 20of% 20the% 20Marine% 20Arctic.pdf.

机制能够对与社会系统相关的各种要素信息（自然的和社会的）进行及时的收集和评估，能够积累足够可运用的社会资源（有形的和无形的），并通过机制中的内部权力关系和利益关系进行资源运用，对充分信息所反映的问题进行及时的、具有针对性的、强制性的治理。

（四）对北极理事会治理绩效的评价

评价一个国际治理机制的绩效，关键要看这个机制对于解决和缓解其所治理问题的贡献。评价其绩效的主要方面包括：（1）是否有能力获得相关问题产生和发展的信息，以及解决这些问题的知识和技术；（2）是否有能力确立更具强制性的国际规范，也就是说，具有规范相关行为体的行为或者让不遵守者付出巨大代价的能力；（3）是否有足够的政治动员能力和整合能力，是否有能力协调并动员所有相关的资源掌控者，无论是域内的还是域外的，无论是政府中的外交部门还是其他部门，都认同治理的价值并愿意动用资源提供相应的公共产品。①

纵观北极理事会的治理过程，可见北极相关国家将重点放在解决第一类矛盾上，即资源开发与环境和生态保护之间的矛盾上。但在解决第二类和第三类矛盾方面，北极理事会或出于北极国家的私利而无法解决，或出于能力所限难以克服。如何理性对待北极域内国家的利益和人类共同利益之间的矛盾，如何纳入新的因素形成有效的治理机制来应对日益增加的人类北极活动的趋势，是北极治理组织和北极国家不能回避的问题。

在北极理事会这个治理机制中，围绕北极变化的评估和北极治

---

① Olav Schram Stokke, "Examining the consequences of Arctic institutions", in Olav Schram Stokke and Geir Honneland (eds.), *International Cooperation and Arctic Governance*: *Regime effectiveness and northern region building*, Routledge, 2007, pp. 15 – 22.

理知识的获得还相当滞后。因为北极自然条件恶劣，人迹罕至，人类对北极的知识相当缺乏。北极理事会成立的6个工作组[①]积极开展工作，并在环境评估和治理方案的拟定方面取得了一定的成效。人类社会发展的经验表明，知识存量的增加有助于提高人们发现制度中的不均衡进而改变这种状况的能力。更重要的是，在一个社会中占统治地位的知识体系一旦产生，就会激发和加速该社会政治经济制度的重新安排。[②] 关于气候变化和臭氧层变化趋势的发现改变了国际社会的政治议程就是典型的例子。北极理事会对于如何动员全球更多的科学家投身于北极的科学发现和治理技术发明，还缺乏应有的资源和能力。

北极理事会长期以来是一个松散的、论坛性质的治理机制，缺乏强制性的法律和执行手段。2011年的努克会议通过了《北极搜救协定》，它成为北极理事会成立15年来第一个具有法律约束力的协议。北极许多治理方案如保护北极海洋环境计划、减少北极污染计划、动植物保护计划，都停留在工作计划和国际合作层面，都缺乏强制性的措施给予支撑，这大大影响了治理绩效。

北极理事会加强同相关地区组织和相关政府合作，努力达成治理任务，但理事会的政治动员能力和整合能力都相当有限。北极地区是一个自然生态和社会生态都失去平衡的地区。人类社会系统一旦失去平衡，必然会在新的条件上通过社会间的博弈、妥协过程建立新的权力平衡。北极治理的参与者体质和体量差异很大，横跨北欧、北美和俄罗斯北部地区，美国、俄罗斯等世界大国和重要国际组织的影响力叠床架屋地交汇于此。例如，北约与俄罗斯的矛盾、加拿大与欧盟的矛盾至今仍未解决。北极理事会在协调这些权力关

---

① 北极理事会目前6个工作组分别是监测与评估计划工作组（AMAP），可持续发展工作组（SDWG），动植物保护工作组（CAFF），海洋环境保护工作组（PAME），污染物行动计划工作组（ACAP），突发事件预防、准备和处理工作组（EPPR）。

② 黄新华：《当代西方新政治经济学》，上海人民出版社，2008年版，第188页。

系时显得力不从心。

造成北极理事会绩效不彰的另一原因是北极国家在是否有效纳入外来因素参与治理问题上一直未能达成一致意见。北极的自然变化和社会变化是迅速的，因此北极治理制度要不断调整，全面纳入新的效益，考虑新的成本，形成一个为域内外行为体共同遵循的、可预期的人类活动制度。

二、北极治理公共产品的需求和供给状况分析

区域治理的效果很大程度上取决于各个相关行为体公共产品的贡献能力和贡献意愿。当公共产品供给不足，治理目标难以实现。而当公共产品供给者的边际收益与边际成本不相等时，会发生市场失灵。在区域治理中，共同的需求和共同的利益将会驱使区域内国家或国家集团联合起来，共同设计出一套安排、机制或制度，并为之分摊成本。完全有理由把这些只服务于本地区、只适用于本地区，其成本又是由域内国家共同筹措的这种安排、机制或制度称之为"区域公共产品"。① 区域公共产品的供给是治理的一个基本保障，但北极治理是一个包括全球层面、区域层面和国家内部层面的多层级治理。仅有区域公共产品的供给是不足以解决北极治理的需求的。

（一）北极治理所需公共产品的类别

总体来讲，北极治理所需要的公共产品的类别包括制度类、发

---

① 樊勇明、薄思胜等：《区域公共产品的理论与实践——解读区域合作新视点》，上海人民出版社，2011 年版，第 16 页。

展类、环保类、安全类、资金和基础设施类、知识类、技术工具类等。制度类公共产品是提供其他公共产品的总平台，因此具有关键性作用。它包括治理机构、相关国际法规和其他制度安排。多边机构本身就是一个公共产品，在参与者之间建立起信息交流、利益安排和冲突解决的机制。

发展类的公共产品就是在北极地区建立一个经济适度发展、人民安居乐业、环境友好的和平社会。环境保护类公共产品包括减少碳排放和海上污染等措施，保护生态平衡和野生动物的存续等行动。安全类公共产品包括围绕人类在北极活动所制定的规则，如国际海事组织关于防止船只碰撞和极地航行规则，以及北极人员和船只的搜救、气象和海冰预报、破冰和领航服务等等。而资金和基础设施是前几项公共产品落实的支撑。基础设施包括区域性的航运基础设施、机场网络、卫星系统等。

知识和技术作为公共产品对北极治理有着特殊的意义。一旦来自外界的关于失衡风险的信息量充足，并逐渐形成较为一致的看法，那么采取并实施统一的、必要的措施就变为可能。科学监测和科学研究对气候环境变化的速度、原因的认定，会对治理气候和环境的公共产品提供的数量和种类以及投放方式有很大影响，直接影响北极治理的议程。技术发展可以为北极治理所需要的监测和改造提供工具。这也是北极理事会加强6个工作组力量并将国际北极科学委员会（IASC）接纳为正式观察员的意义所在。

（二）引发北极公共产品需求不足的原因

当今世界两大发展趋势使北极治理所需的公共产品不断增加，一个是气候环境的变化，另一个是全球化。在气候急剧变化之前，北极的自然条件和状态是大自然赋予人类的一个"公共产品"，不需要人类另作投入就可持续获得。而如今为了遏制灾难性的气候和环境的变化，人类社会不仅要调整已经习惯了的生产方式和生活方式，同时要投入技术、资金和人力去防止环境严重恶化。也就是说，要避免由环境恶化造成的"公共危害"本身变成了一个需要动用大量社会资源进行改造的社会活动。

北极治理是在全球化时代展开的。北极集中了太多的全球挑战和全球关注。全球化促进了全球相互依赖和国际多要素互动，也增加了全球治理对公共性的要求，创造了对国际公共产品的需求。生产和贸易的全球化引发了物资、资金、人员的跨越国界流动，北极地区资源和航道的开发利用会使这种流动成倍增加。全球化条件下需要围绕各种行为体在国际领域的各种活动订立共同行为准则、协议、法律等。国际治理不同于一个国家内部的治理，其治理任务的艰巨性、行为体的多元性、治理结构的复杂性以及对治理的责、权、利进行分配难度，都影响了国际公共产品的充分供给。

北极治理存在着公共产品供给的困难。与纯国内的公共产品相比，由于政府的存在和国家边界的明确，国内公共产品提供便于实施和监管。政府通过议会的表决，使用纳税人的钱进行公共产品的提供，并通过国家权力的制衡制度进行有效监管。而区域性的公共产品没有一个强制性的"税收制度"要求利益相关者提供必要的支出，也没有一个权力强大且责任明晰的"区域政府"来制造和提供公共产品，而且因为北极国家的体量和体质的差异巨大，因而提供公共产品的能力也大不相同，国家间经常围绕区域内谁来提供公共产品讨价还价。

（三）北极理事会应协调公共产品的多渠道供给

北极治理的范围和影响绝不限于北极，仅有区域公共产品的供给难以满足具有全球治理特征的北极治理的需要。北极治理包含着公共产品的国家供给、全球供给、当地政府供给和非国家行为体的供给等。北极的治理首先需要以北极国家的治理为基础，北极国家需完成本土的相应治理任务并扮演着主要公共产品提供者的角色。其次，北极治理需要全球性组织和全球性大国在一些重要领域提供公共产品。面对沉重的治理任务，北极理事会应当承担起多渠道筹措治理公共产品的责任。

北极理事会的有效性在很大程度上取决于其从域内外行为体处筹措公共产品的能力，以及将这些公共品进行有效组合和投放的制度优势。北极理事会作为区域治理的多边机构，在北极国家之间可以起到协调公共品的分担并使区内收益效果最大化的作用。公共产品的合理配置可以减少政府间的重复投入，节省开支，并增加各国对跨国基础设施项目的兴趣。对外，它可以独立的一方与域外行为体发展合作关系。区域性的治理机构应通过全球联系解决区域间和区域外的外部性问题，最大地体现区域利益，最有效地减少域外行为体带来的成本，增加域外行为体提供公共品的意愿。北极治理要求全球性公共产品的供给也有其正当性，因为北极的有效治理，特别是在环境、气候、航道等领域的治理，可以延缓环境和气候的恶化，给全球带来福利。

三、北极理事会和北极国家纳入域外因素的策略

（一）北极治理的排外性和包容性

北极治理与当今世界许多区域治理一样，都有一个区域治理集团的排外性和包容性问题。一个区域组织倾向于采取包容还是排外的立场，主要有以下几个考虑：（1）治理决策的效率因素。组织成本是集团中成员数量的一个单调递增函数。成员国越多，形成一

致意见的可能性就越小，达成行动纲领的谈判耗时就越长。（2）利益分配因素。区域利益尽量由区域内部成员分享，减少外部的利益竞争者。（3）域外行为体提供公共产品的能力。（4）外部因素在多大程度上会成为治理的成本。一般意义上讲，要提高效率就应当减少成本，拒绝可能产生成本的域外因素。但如果一个治理制度不能将重要的相关要素有效纳入，成本不能得到控制，效率也会低下。例如某个外部国家，虽然在治理组织之外，但其他机制仍然可以给予其享有区域内相关权益，因为缺少了区域机制的约束，它反而更容易给区域治理带来成本。

如果从公共产品理论来看这一问题，一般意义上讲，区域边界的清晰有利于保证公共产品利益分享的有限性和治理投入的有效性。"俱乐部"边界不清，就有可能让俱乐部外的成员无偿使用，成为"搭便车"者，进而使分享收益的人增加，分担成本者减少，最终影响提供公共产品者的积极性。但是如果治理成本远远超过域内国家的承受水平，或者付出巨大成本产生的益处，也无法阻止域外成员享有的话，纳入域外因素、采取更加包容的立场也成为选项。北极治理所需成本巨大，限制成员数量的做法无法保证公共产品的充分供给，也无法解决北极治理的主要问题。

北极资源分配的市场特性和北极环境治理的非市场特性，左右着北极国家的排外性和包容性倾向。北极的资源分享具有市场特征，也就是说，在市场条件下区域利益分配的数量是有限的。有限的资源利益驱使区域集团的成员拒绝新的加入者，以减少竞争者。在实在无法拒绝的情况下，提高加入的门槛或者进行歧视性地位安排则成为其选择。如果从环境治理和气候变化角度看，北极治理具有非市场特性。也就是说，集团扩大不会带来竞争，而是使分享收益和分担成本的成员数增加，这样原来成员分担的成本就会减少。北极国家正是因为存在着减少利益分享和增加公共产品投入两种思考，很容易在气候、环境、生态问题上采取开放兼容的态度，与域外行为体寻求共同利益和共同责任；但在资源等问题上采取排外的政策，独享其利。正如北欧学者所说，北极俱乐部在成员数量问题上，当考虑资源分配时，成员是越少越好；当考虑环境治理分担成本时，成员是越多越好。[①]

综上所析，北极国家仅从自身利益出发，无论是纳入还是拒绝域外参与者，都有充分的理由。在这种情况下，有条件纳入域外国家参与北极治理机制成为一个选项，即如果要纳入外部成员，该成员应当与俱乐部的任务有很大程度的关联性，其做贡献的能力要大于其可能分享的利益。另外，域外参与者对区域俱乐部的决策不能影响过大，以免使域内国家失去对区域事务的主导权。

（三）北极域内国家的策略和外交实践

对于是否纳入域外国家参与北极事务，纳入哪些国家和国家组织，以何种方式纳入，北极内部国家的考虑并不相同。相对而言，俄罗斯和加拿大两个北极领土大国在北极事务上更强调主权，更重视北极事务的边界；而北欧国家和美国则更倾向国际合作。美国前国务卿希拉里·克林顿曾对加拿大举办的排他性的北极会议表达不满，指出："北极事务任务如此繁重，时间如此紧迫，为此我们需要广泛的参与。"[②] 但经过努克会议和基律纳会议的协商之后，北极理事会关于如何处理与重要域外国家关系的策略已基本形成。

首先，北极国家在外部成员感兴趣的资源利益分配问题上，进行了国家层面和区域层面的有效切割。有意识地将环境和气候变化问题列为北极理事会国际合作问题，而将资源拥有权和处置权以及

---

① Olav Schram Stokke, Arctic Change and International Governance, SIIS-FNI workshop on Arctic and global governance, Shanghai, 23 Novmeber, 2012.

② Kristofer Bergh, "The Arctic Policies of Canada and the United States: Domestic Motives and International Context", *SIPRI Insights on Peace and Security*, No. 2012/1, July 2012, p. 11.

与域外国家的经济合作的决定权，牢牢把握在本国政府手上，并不交由北极理事会协调处理，减少了域外国家通过参与地区平台影响北极资源分配的可能。北极理事会则以正式组织或非正式协调的方式分别处理域内国家关系和域内外国家关系，保证能从不同的任务中获得域外行为体提供的公共品，同时限制域外行为体的利益分享。

其次，通过提高入会门槛和划分域内外国家间的权限来保证决策的排他性，同时避免重要域外国家而另组协商机制，与北极域内机制分庭抗礼。俄罗斯学者亚历山大·赛库宁在谈及俄罗斯最后关头转变立场同意多个东亚国家成为北极理事会正式观察员国时说："除了其他原因外，如果不给东亚国家以正式观察员身份，非北极国家将会成立另一论坛。"[1] 因此，北极国家最终决定，在域外国家参与北极事务问题上，采取有限制纳入和歧视性的权利安排加以处理。

北极理事会2013年部长级会议通过的《基律纳宣言》，对中国、韩国等域外国家成为正式观察员表示了欢迎，并特别强调，观察员们贡献的可贵之处（valuable feature）在于提供了科学和专业知识、信息和金融支持。[2] 会议发布的观察员手册明言："北极理事会所有层级的决定权，是北极8国的排他性权利和责任，永久参与者可以参与其中。所有决定均基于北极国家达成的共识。观察员的基本作用就是观察理事会的工作。同时，理事会鼓励观察员继续通过参与工作组层面的事务来做出相关贡献。"[3] 这种左右两分的

---

[1] Alexander Sergunin, "Russia and the East Asian Countries in the Arctic: an Emerging Cooperative Agenda?", Paper presented at the SIPRI/IMEMO International Workshop, Moscow, 1 October 2013.

[2] The Eighth Ministerial Meeting of the Arctic Council, "Sweden Kiruna Declaration", MM08-15, Kiruna, Sweden, May 2013.

[3] Arctic Council, "Observer Manual For Subsidiary Bodies", Document of Kiruna-ministerial-meeting, 2013, http://www.arctic-council.org/index.php/en/document-archive/category/425-main-documents-from-kiruna-ministerial-meeting#.

提法明显是在限制域外国家参与领域治理的决策过程，同时鼓励上述几个领域来自外部的贡献。

基律纳部长级会议正式宣布，北极理事会设立观察员身份并向非北极国家、全球层面和区域层面的政府间和议会间组织、非政府组织开放，由理事会根据它们对北极委员会工作的贡献来决定。《努克宣言》中对观察员的资格有关联性、共享性的标准，同时也有对参与权的限制，还要求尊重努克会议高官文件和观察员手册。高官文件和观察员手册明确了北极理事会治理主体与外围国家的关系，规范了外部影响力输入的标准、方式和路径。[1] 非北极国家要成为观察员国，首先要承认北极国家主权和司法管辖权，其提出的治理主张也不得超越北极国家和永久参与者的政策目标，不得挑战北极理事会已经确立或承认的法律框架，同时要尊重北极地区的文化、利益和价值观。此外，在操作层面也为观察员国设置了不少障碍。首先是参与的间接性。观察员国的提议权需经过北极国家间接递交。其次是影响力有"天花板"。观察员的项目资助贡献不得超过北极国家。第三是身份的被动性。域外国家参与的资格非长久性，需不断审议，借此削弱其在北极的影响力和参与治理的合法性。[2] 北极理事会通过这种方式吸纳域外国家参与，实现了限制和利用的双重目标，也有效提升了北极在全球政治中的重要性。

四、域外国家参与北极事务的意义和责任

以上我们对北极治理的任务和机制进行了讨论，并对北极国家

---

① The Seventh Ministerial Meeting of the Arctic Council, "Nuuk Declaration", Nuuk, Greenland, May 12, 2011.

② Arctic Council, "Observer Manual For Subsidiary Bodies", Document of Kiruna-ministerial-meeting, 2013, http://www.arctic-council.org/index.php/en/document-archive/category/425 – main-documents-from-kiruna-ministerial-meeting#.

在纳入域外国家参与时表现出来的"权利限制、责任分担"的做法和动机进行了分析。尽管这些做法受到广泛质疑，但国际政治的现实就是如此，目前的制度安排将长期存在。面对这样一种治理结构，域外国家应当如何作为，才能更好地促进北极地区的治理并实现自身的利益？下面以中国为例，从域外国家的角度分析如何完善北极治理机制，以及如何合理合法地实现域外国家在北极的利益。

（一）域外国家参与有助于完善治理制度并实现治理目标

北极理事会纳入域外成员是由北极治理的任务和世界发展的潮流所决定的。从制度经济学角度看，如果原先的制度安排已无法保证区域治理的效率和结果的正向性的话，用一种效率更高的制度安排对前一种安排进行替代或补充就成为必要。如果新的制度安排能够对所有的成本与收益进行考虑的话，那么它将增加社会总收入。[①]

域外竞争者存在对于治理制度完善是有裨益的。如苏珊·斯特兰奇所言："全球治理制度——如果能够称为制度的话，所缺乏的是一个竞争者、一个反对者——在过去是确保自由国家能够担当起民主的责任的一种工具。要使一个权威能够被接受，使其有效率并受人尊重，那么就必须要有某种联合起来的力量来制约权力的任意使用或谋取私利而使用权力，保证权力的使用至少是部分地为公益着想。"[②] 北极国家在北极治理中使域外国家"分担其负，独享其利"的做法，会使北极治理无法有效纳入新的因素，忽略治理的一些重要问题。域外重要国家的参与，能够弥补北极机制因强调北极国家私利而忽略的因素，提出多层面的治理方案，特别是帮助解

[①]　黄新华：《当代西方新政治经济学》，上海人民出版社，2008 年版，第 163 页。

[②]　［英］苏珊·斯特兰奇著，肖宏宇等译：《权力流散：世界经济中的国家与非国家权威》，北京大学出版社，2005 年版，第 174 页。

决北极国家利益与人类共同利益之间的矛盾以及治理机制滞后问题的方案。在全球层面，中国是全球经济大国，是联合国安理会常任理事国，是《联合国海洋法公约》的签署国，是众多环境保护国际制度的重要建设者，这些身份决定了中国可以在维护和平问题上、在合理处理国家主权与人类共同遗产之间矛盾的问题上、在平衡北极国家与非北极国家利益问题上、在维护北极的脆弱环境保护人类共同家园问题上，扮演领导者和协调者的角色。

另外，重要的北极域外国家可以提供北极治理所需要的一些公共产品，对治理任务的完成起到直接的作用。中国的资金、市场和基础设施建设能力，受到一些北极国家的重视；国际科学家团体将中国的极地科学家视为解决极地科学难题的重要方面军；北极的治理需要更多的有陆、海、空、太一体的技术系统进行相关监测，减少灾难的发生。中国正是拥有这些技术系统的少数国家之一，具备为北极科研和经济活动提供公共产品的条件和能力。

（二）域外国家实现自身利益和责任的方式

域外国家在北极地区虽然没有领土和管辖海域，但在北极同样享有国际法所规定的相关权益。国际著名治理理论家奥兰·扬认为，域外国家在北极地区享有一系列使用海洋的权利，如航行权、深海捕鱼权、海底铺设电缆权以及空中飞越的权利。[1]

以中国为例，作为《斯匹次卑尔根群岛条约》[2]、《联合国海洋法公约》等重要国际条约的缔约国，中国与其他缔约国一样，在

---

① Oran R. Young, "Informal Arctic Governance Mechanisms: Listening to the voices of non-Arctic Ocean governance", in Oran R. Young (eds.), The Arctic in World Affairs: A North Pacific Dialogue on Arctic Marine Issues, KMI press, 2012, p. 282.

② 斯匹次卑尔根群岛（挪威称之为斯瓦尔巴德群岛）位于北冰洋、挪威海、巴伦支海、格陵兰海之间。1920年，挪威与美国、丹麦、英国、瑞典、荷兰、日本等国签订了《斯匹次卑尔根群岛条约》，后陆续有国家加入该条约，中国于1925年7月1日加入该条约。

承担相应义务的同时，在北极地区享有多方面的权益。根据《斯匹次卑尔根群岛条约》，中国的船舶和国民可以平等地享有在该条约所指地域和水域内捕鱼和狩猎的权利，自由进出该条约所指范围的水域、峡湾和港口的权利，从事一切海洋、工业、矿业和商业活动并享有国民待遇等。20世纪90年代中国进入北极地区建立科考站，主要法律依据即在于此。根据《联合国海洋法公约》，中国的船舶和飞机享有在环北极国家的专属经济区内航行和飞越的自由，北冰洋公海海域的公海自由，享有公约所规定的船旗国的权益。

中国等重要域外国家在北极的主要利益，集中表现在环境利益、航行利益、资源利益、海洋科考和研究利益等方面。[1] 作为人口众多的新兴大国，中国是世界能源利用、产品生产和消费的所在地，以重要市场的身份与北极经济相联系。作为北半球的一个贸易大国，海上航道的法律制度与中国航行利益直接相关。北极地区的自然变化对中国周边海域和气候等将会产生影响，因此，北极科考和研究对中国社会经济和科技发展也将产生深刻影响。

尽管域外国家在北极拥有正当的权益和合法的利益，但北极国家对域外国家谈及在北极的利益非常在意，特别是对经济迅速崛起的中国疑惑丛生。在这样的情况下，域外国家要想实现其在北极地区的利益，不能完全从自身利益和能力出发，需要在国际机制与国内政策目标之间进行协调。中国在参与北极事务时，应将北极国家、世界非北极国家对中国的期待和定位与中国自身定位三者之间的关系进行调试，在矛盾中寻求统一，寻找利益共同点，减少利益冲突面，创造可分享的新利益。需要我们对北极地区自然环境变化和政治经济秩序变化进行谨慎和正确的评估，充

---

① 曲探宙等编：《北极问题研究》，海洋出版社，2011年版，第283页。

分利用既有国际机制获取和保护合法利益。中国参与北极事务并实现其北极利益，应当遵循“三符合”原则：符合国际法相关基本准则，符合经济全球化的趋势，符合中国与相关国家双边利益的需要。

在中国根据相关国际法享有参与北极事务的权利、获取相关权益的同时，中国作为一个发展中的大国，也必须承担起维护北极地区和平、保持环境友好、促进可持续发展的全球责任。中国代表团团长高风在率团参加在瑞典基律纳举行的北极理事会部长级会议时强调：加入北极理事会，对中国的考验才刚开始。成为正式观察员，标志着北极理事会承认中国在北极事务中的地位、作用和贡献，认为中国是北极事务的利益相关方。成为北极理事会正式观察员后，中国的主要任务有三个：第一，认识北极。从自然科学、政治环境、法律环境等方面全面深入了解北极。第二，保护北极。北极在自然条件方面很敏感，对中国气候的影响也非常大。我们要从环境、资源等各方面保护好北极。第三，可持续利用。北极的可持续发展符合世界各国的利益，中国要与国际社会携手努力，确保北极开发以可持续的方式进行。[①]

域外主要大国体现北极责任也应当从多个层面加以落实。首先在全球层面体现大国的责任，在联合国等全球组织中为北极环境治理、气候变化、生态保护作出自己的贡献，坚持环境保护的重要性，反对任何以破坏环境为代价的开发。其次，在北极区域组织中发挥正面作用，与北极理事会等治理组织加强联系和沟通，在这一过程中体现域外国家参与的必要性。在航运、环保、旅游、资源开发等领域性或者功能性议题上加大参与力度，使未来的机制安排能够体现全球利益，体现域外国家的利益，体现贸易大国的利益。第

---

① 姚冬琴：《开发北极一定要谨慎：独家专访外交部特别代表高风》，《中国经济周刊》2013 年第 20 期。http：//paper. people. com. cn/zgjjzk/html/2013 − 05/27/content_ 1248042. htm？div = −1#。

三，在与北极国家开展的经济和科技合作中，注意体现合作者的社会责任。在实现双边利益共赢的同时，在具体投资地和合作地体现应有的人文关切和环境关切。

亚洲的参与能加强北极治理吗？

奥拉夫·施拉姆·斯托克[*]

译者 张 沛 校译者 杨 立

导 言

亚洲国家在北极有何种利益以及它们日益增多的参与又会怎样影响北极治理？2012 年后期，首艘液化天然气（LNG）运输船满载着挪威一个离岸油田的天然气，通过北方海航道（NSR）运抵在日本的目的地。就在几个月前，一家韩国船舶和工程公司赢得了一项合同，为加拿大海岸警卫队设计一艘新的期待已久的破冰船，而中国则通过自有的破冰船完成了第 5 次北极考察。中国、印度、日本和韩国都在北极斯瓦尔巴群岛建立了科考站。2013 年，这些国家最终被赋予了北极理事会永久观察员身份，但这一过程暴露了一些地区行为体对主权事务、原住民关注的事务以及对北极环境保护的担忧。

———————————

[*] 奥拉夫·施拉姆·斯托克（Olav Schram Stokke），挪威弗里德约夫·南森研究所研究教授，奥斯陆大学政治学系教授。本文为作者在原有文章基础上的删节本和更新版，原文题目为"参与的承诺：亚洲在北极"，发表于 Strategic Analysis，Vol. 37，2013，pp. 474–479，参见：http://www.tandfonline.com/doi/abs/10.1080/09700161.2013.802520。

本文认为，亚洲国家深度参与北极事务只会在关键领域，如可持续发展、海上安全和环境保护等方面加强国际治理的努力，而潜在的弊端则是较小的。本文首先回顾各种关于外部对北极事务影响的主要关切，然后指出对北极有效的治理需要非北极国家在全球体系中积极的支持。同时，本文将探寻这种支持是否能通过非北极国家深度参与北极理事会的工作而加以实现。本文最后部分将对一些论据进行总结，并对相关国家的决策提出一些结论。

一、亚洲国家的北极利益

一个机构的"利益攸关者"（stakeholders）是指那些能够被机构影响或能够影响机构运行的行为者。亚洲国家在北极利益的证据是充分的，而并非真的如同一些人所认为的是新来的。日本在20世纪90年代早期就建立了一个北极科考站，并且迄今仍对大多数综合跨国研究规划提供了大量资金，这些研究规划涉及广泛使用北方海航道的自然、经济和政治条件。中国20年前获得的破冰科考船"雪龙"号和负责极地活动的政府机构也在1996年将北极纳入科考范围。来自中日韩三国的企业也已经活跃在挪威大陆架上，而据报道，印度公司也已经在西西伯利亚的亚马尔—涅涅茨和库页岛同俄罗斯拥有开发许可证的公司开始了商业谈判。现今，亚洲公司主宰了世界的造船工业。韩国公司通过最近收购挪威阿克造船股份有限公司（Aker Yards）的股权，加上它在抗冰集装箱造船方面的世界领先技术，特别关注北极市场。最后，就极地外交而言，亚洲主要海洋国家都是国际海事组织（IMO）下相应组织的成员，该机构正在协商一项具有法律约束力的极地规则（Polar Code），规则将对现有的在冰封水域航行船只脆弱的指导纲领进行升级。简言之，这些在北极理事会中申请永久观察员国地位的国家更多地展现出亚洲国家在北极的利益，并且做好要更广泛地参与北极活动的准备。

应当关注对这一进展发出的两种担忧的论调：一种是这些强大国家的深层参与，从长远来看，可能会破坏域内国家在北极事务上的主要地位；另一种是可能会危害到原住民在北极理事会所获得的独一无二的、突出的地位。前一种担忧可能具有更大的政治权重，但是正如我们将要看到的，这两种担忧都不是令人信服的。

二、北极主权

域内国家对北极政治中新行为体的担忧，被近来关于北极治理法律框架合法性的争论进一步强化了，这一担忧源自于明确显现的地缘政治和地缘经济转移。美国在军事力量投射方面仍然超过任何一个亚洲国家，而且迄今仍是世界上最强大的经济体，尤其是在技术和创新方面仍处于世界领先地位。然而，美国多年来经济增长率显著地低于几个大的"新兴经济体"所取得的成就，如中国和印度，这清楚地表明这种排名并不是一成不变的。尽管北极国家中的另一个国家——俄罗斯保持着世界上第二军事大国的地位，但中国正在加速缩小这种差距，特别是在常规能力方面。而且，俄罗斯的经济结构相对于那些领先的亚洲国家来说，通常较少多元化而更多地依赖资源开采。而俄罗斯对中国在远东地区投资和移民的剧增也有着某种复杂的情感。

在这样一种总的地缘政治背景下，北极国家对自身地位任何相对衰落的迹象都高度警觉，我们还应该加上一种地区特有的因素：一些实践者和观察员近来发出警告，北极正在展开一场对自然资源的竞争，据称地区国家正在进行"单方面掠夺"，并陷入"外交僵局"。然而，正如北冰洋沿岸国（加拿大、丹麦、挪威、俄罗斯和美国）在 2008 年颁布的《伊卢利萨特宣言》中所指出的："凭借在北冰洋大片水域中所拥有的主权、主权权利和管辖权，5 个沿岸国家处于独一无二的地位……（并）在保护北冰洋生态系统方面发挥着管理者的作用。"① 从本质上讲，这个宣言是在向世界宣告，对北极管理权限的地缘政治之争实际上已经随着 1982 年《联合国海洋法公约》（UN Convention on the Law of the Sea，UNCLOS）的颁布而被解决了，这一法律在北极比在其他地区更加适用。该公约根据海岸国家的活动和距离区分了对海洋利用管理的权限，海岸国家在开采位于其总体确认的大陆架上的碳氢化合物和矿产资源，以及开发位于其 200 海里专属经济区内的生物资源方面享有主导地位。一些北极国家对非北极国家利益攸关者诉求的新防范，不仅反映了世界事务中广泛的权力转移，而且也反映了近来关于北极治理框架是否应该得到修正的争论。

关于修正主义的担心随着一些亚洲观察员国家对北极事务的言论倾向而进一步恶化，它们将北极事务同隐含的公共所有概念和论据，特别是"人类共同财产"的概念联系在了一起。这一概念在关于南极的争论中已经非常流行。在南极，各种超出群体诉求者的国家主权诉求都是不被承认的，但这一概念对北极具有经济吸引力的地区并没有参考价值，因为这些沿岸国家对这些地区的主权并不是一个问题。因此，中国海军退役少将尹卓被许多人解读为倾向修正主义，据称他评论道："北极属于世界全人类，任何国家对其都没有主权。"② 据说各种各样的"全球公共财产"论点在印度关于北极的话语中也十分流行，并同那些承认南极和北极在法律和政治上有根本不同的观点混杂在一起。然而这种修正主义观点并没有表

---

① Ilulissat Declaration, May 28, 2008. Available at http://oceanlaw.org/downloads/arctic/Ilulissat_ Declaration.pdf（accessed 9 April, 2014）.

② G. Chang, "China's Arctic Play", *The Diplomat*, 9 March, 2010, http://thediplomat.com/2010/03/chinas-arctic-play/（accessed April 9, 2014）.

现在任何一个亚洲国家政府的官方声明中。尽管如此，那些对非北极国家参与持怀疑态度的人或在这种怀疑中有利可图的人，却一直在鼓吹主权问题。例如，俄罗斯海军司令弗拉基米尔·维索斯基（Vladimir Vysotsky）就曾警告"一些国家（对北极）的渗透……这些国家在非常强烈地、以各种可能的方式扩展它们的利益，特别是中国"，他还补充说，俄罗斯将"不会放弃任何一寸"北极土地。① 总的来说，俄罗斯和加拿大比其他北极国家都更强调主权问题，将其置于北极事务的优先原则，部分原因在于两国是迄今在北极拥有海岸线最长的国家；部分原因在于两国的一些单边的和比全球北极航运规则更严厉的规定正在法律上面临其他国家的挑战。

然而，亚洲大国参与北极事务会破坏北极沿岸国家主权权利的任何担忧都是没有根据的。那些权利并不是源自于北极活动或地区外交方式，而是源自于全球所接受的和区域所适用的国际法。到2014年1月为止，《联合国海洋法公约》有166个成员国，而美国是唯一一个尚未批准条约的大国。由于《联合国海洋法公约》的主要条款反映了国际习惯法，该公约对所有国家都具有约束力。如同中国、印度一样，北极国家支持并推动了该公约所凸显的对权限的分割；而在空间扩展管辖权方面，北极国家也是最大的赢家。因此，改变北极作为现有法律秩序支撑的基本协议，不仅与北极国家的利益背道而驰，而且对于那些地缘经济上升的亚洲国家也是如此。

三、北极理事会和原住民的声音

关于日益上升的非北极国家参与的第二种担忧也同样存在问

---

① G. Faulconbride, "Russian Navy Boss Warns of China's Race for Arctic", *Reuters*, 4 October, 2010, http：//www.reuters.com/article/2010/10/04/russia-arctic-idAFLDE6931GL20101004（accessed April 9, 2014）.

题。在加拿大北极政策的前提中，那些来自这个国家原住民的人显得特别突出，这也有助于解释加拿大为什么对赋予欧盟北极理事会正式观察员持怀疑主义态度。① 在提交观察员地位申请之前，欧盟出台了一项关于海豹皮产品贸易的禁令，而这在经济上和象征意义上对特定的原住民都非常重要。更普遍地说，一些原住民代表担心像欧盟、中国和印度这些政治和经济重量级国家的参与，可能会使得对原住民的关注转向，而且还会影响到他们在理事会框架中参与高层决策的途径。

亚洲3个观察员表明这种担心是被夸大了。首先，对原住民的关注一直以来都是被北极理事会视为极其重要的几个问题之一；理事会日益渴望在诸如能源和航运发展等突出议题上制定基于研究的政策前提，在搜救以及预防和对油污作出反应方面促进能力建设，这些渴望反映的是北极国家而不是亚洲国家的优先原则。其次，不能假定新的观察员申请国会在北极理事会中推动对原住民的关注不敏感的议程，并卷入到理事会可能会提高这种敏感度因素的活动中。第三，6个跨国原住民协会组织作为理事会永久参与者的地位，确保了他们"在北极理事会所有会议和活动中的……全面的咨询权"，这意味着他们在国际外交中在建立联盟和影响议程方面比其他普通的非政府组织拥有更加强大的基础。相反，亚洲国家申请的观察员地位所得到的只有提交文件和发表声明的权利，而且还要受到会议主席权限的限制。

因此，观察员地位并没有被赋予正式的或实际上的对理事会决策施加影响力的基础——非北极国家只是被赋予了让那些决策者听到它们声音的机会。给予现有新申请国中较少一些国家这样一种地位，不大可能会明显削弱永久参与者在北极理事会活动中

---

① L. Phillips, "Arctic Council Rejects EU's Observer Application", *EU Observer. com*, http://euobserver. com/885/28043, 30 April, 2009（accessed April 9, 2014）.

的突出地位。

四、亚洲国家参与和北极治理

亚洲国家的深度参与有各种可能会产生双赢局面。大多数引发北极环境挑战的活动要么发生在北极以外的地区，要么发生在属于非北极国家管辖的地区。就大多数危及到区域生态系统的持久性有机污染物（POPS）和重金属以及驱使北极升温的温室气体来说，事实的确如此。尽管在冰封区域可以采用符合《联合国海洋法公约》（UNCLOS）第234条"冰封区域"的一些特殊规则，但公海航行是自由的，在专属经济区也同样如此。要有效地应对北极这些关键的挑战，需要在更广泛的国际制度中规范这些行为，有代表性的全球管制机制是《关于持久性污染物的斯德哥尔摩公约》（Stockholm POPs Convention）和以联合国为基础的气候机制以及国际海事组织（IMO）。

如果主要的非北极国家，包括亚洲国家能够对北极全球议题的视角有一个清晰的理解，并在充实这一视角的研究中形成坚定的所有者身份，那么这种在相关的更广泛制度上的管制行为就更有可能。现在已经是正式观察员的亚洲国家都有重大的和不断增长的极地研究规划，这些规划能够支持理事会核心的活动——技术建设和能力提升。例如，可以认真思考一下北极理事会关于全球变化将如何影响地区机遇和挑战所做的合作评估报告，特别是最近关于北极海洋运输的评估报告，这些报告所固有的政治活力就是用来加强北极具有更广泛问题视角的突出特征，并有助于在更广泛的具有规范权限的国际机制上来激发政治活力。因此，通过欢迎非北极国家参与到北极理事会活动中，北极国家能够提高它们的能力，进而在对北极治理极为关键的更广泛的机制上促进管理进一步向前发展。

亚洲国家也会对这种参与产生极好的感觉——不仅是因为北极和这些国家之间在气候上有地球物理学意义上的相互依存，而且还是因为北极理事会是一些密集的和持久的跨国网络的中心，它将北极研究者、官员和政治决策者汇聚在一起。在理事会框架下，那些对研究和其他工作组的活动作出贡献的国家能够接近这些网络，并获得潜在的有益的信息，以了解北极国家和其他重要行为体是如何思考和规划地区发展的。即使在规则制定权完全依赖于北冰洋沿岸国家的领域，诸如离岸能源发展，非北极公司如果能够提供具有全球竞争力的技术对策、装备或者是风险投资，同样也可以扮演合适的角色。

五　结　论

因此，我们认为，亚洲国家深度参与北极理事会的工作应当被视为对北极治理有光明前景的发展。它并没有对地区国家的首要地位或原住民关切的突出地位形成明显的威胁。观察员地位所带来的唯一潜在影响是通过有说服力的论据进行游说，而这种情形在国际审议过程中总是受欢迎的。而且，鉴于理事会本身正在逐步发展成为一个"决策形塑"（decision-shaping）的角色，理事会仅仅能够在北极国家允许的领域范围内来形成决策——它不会发生在许多政治含义突出的事务上，这些事务已经由国际法将绝对管理权授权给了沿岸国家。因此，亚洲国家从深度参与北极理事会中所能获得的收益主要并不是政治影响，而是进入以理事会为中心的研究、产业和政府行为体网络，理事会提供了关于地区的规划、发展的信息和合作的机会。对北极国家来说，亚洲国家对理事会活动的深度参与，有望促进支撑理事会自身政策建议的知识的汇聚，而且还会在对北极极为关键的一系列全球治理机制中，如在北极航运、气候变化和环境污染等领域方面，增强那些建议的说服力。

北太平洋北极会议的成果和挑战

金钟德*

译者 龚克瑜 校译者 程保志

简 介

由于气候和政治因素，北极在过去的 30 年里不断变化，尤其是北极海冰的融化，使北方海航道（NSR）连接北太平洋和大西洋北部地区之间的国际贸易航线具有潜在的可利用性。自 2010 年初以来，通过北方海航道的船只数目不断增加。另外，北方海航道是亚洲和欧洲之间最短的路线（比通过苏伊士运河缩短 40%）。当然，尽管北方海航道显示出极大的潜力，其用于商业运输仍然受到严重制约。

---

* 金钟德（Kim Jong-Deog），韩国海洋研究院极地政策研究中心战略研究部主任。作者感谢历届北太平洋北极会议的成果和贡献。C. Robert，J. S. C Kang 和 Y. H. Kim（主编）：《2011 年北太平洋北极会议记录：世界事务中的北极：北极变化与北太平洋对话》，2011 年 8—10 月，夏威夷，韩国交通运输研究所，美国东西方中心和韩国海洋研究院，2011 年；O. Young，J. D. Kim 和 Y. H. Kim（主编）：《2012 年北太平洋北极会议记录：世界事务中的北极：北极海洋问题与北太平洋对话》，2012 年 8—10 月，夏威夷，韩国海洋研究院和美国东西方中心，2012 年；O. Young，J. D. Kim 和 Y. H. Kim（主编）：《2013 年北太平洋北极会议记录：世界事务中的北极：北极未来与北太平洋对话》，2013 年 8 月 21—23 日，夏威夷，韩国海洋研究院和美国东西方中心，2013 年。

由于北极海冰的减少，进入北极更加容易，各国对该区域的石油、天然气和商业捕鱼兴趣与日俱增，各种经济、文化、社会以及对北极环境的影响都变得日益明显。北极地区石油和天然气的储量巨大，两个北极国家（挪威和俄罗斯）已经开始勘探各自地区的石油和天然气。诚然，北极天然气的开发已被证明是具有挑战性的。环境问题也日益突出，并可能影响商业捕鱼和石油开采。

由于北极情况日益复杂，北极理事会（Arctic Council）——这个北极地区的主要政府间机构，一直努力与非北极国家着手解决这些问题。2013年，北极理事会决定将正式观察员国扩大到12国，其中有5个来自亚洲国家，北太平洋地区就成为北极合作的象征。

2011年，中国、日本、韩国、北极理事会临时观察员、韩国海洋研究院、韩国交通运输研究所和美国东西方中心联合发起北太平洋北极会议（NPAC），来自北极和非北极国家的人士共同分享观点，应对挑战。到目前为止，北太平洋北极会议关注的问题包括全球变暖、航运安全、科学技术、可持续的原住民社区和北冰洋治理等问题。

本文将展示2011—2013年的北太平洋北极会议的成果，提出创建北太平洋北极研究团队（NPARC）的新举措，以及在2014年的北太平洋北极会议上讨论有关北极未来的挑战。

一、成果

本文重点介绍从2011—2013年的北太平洋北极会议的成果和建议。

2011年，与会代表主要探讨了影响北极和北太平洋地区的四大因素。

1. 北极变化与北太平洋。全球和北太平洋在科学上有出现气候变化的极大可能，包括温室气体排放、全球气温上升、海洋变暖、北极海冰消融、冰盖收缩、海平面上升、冰川退缩、极端气候事件和海洋酸化等。

2. 北方海航道和北太平洋的运输物流变化。随着北极海冰的融化，北方海航道变成北太平洋和大西洋北部地区之间更为容易进入的国际贸易路线。此外，海冰的减少打开了北极地区商业航行的机会，并可方便地获得北极石油和天然气资源。但是，随之出现大量的地缘政治和政策问题，例如：谁拥有北极？非北极国家处理北极问题有哪些政策选项？等等。这些都值得进一步讨论。

3. 北太平洋获取北极能源。北极可能蕴藏着大量的石油和天然气，北极国家如俄罗斯在北极非常活跃。此外，非北极国家如中国，因为日益增长的能源需求和石油进口，显示出对北极的兴趣。能源安全在军事、外交政策、安全方面都起着至关重要的作用，而经济问题和北极地区的能源开发已成为提高全球能源安全的重要契机。

4. 促进北太平洋在北极航运和能源资源开发的合作。专家们研究了穿越和利用白令海峡、北方海航道，以及西北通道等国际治理问题。北方海航道和西北通道由于常年结冰，一直受到严格限制，但气候变化造成海冰变薄，使这两条航线出现可以利用的无冰期。

2012 年，北太平洋北极会议的五大成果如下：

1. 潜在的北极航运：定量研究对北方海航道的竞争力与苏伊士运河航线和跨西伯利亚铁路线进行了比较。研究表明，北方海航道面临着障碍和风险，但要解决这些障碍，因为北方海航道的商业化是必要的。

2. 国际海事组织（IMO）和环境保护：现有的国际海事组织的指导方针和标准已在北极地区适用，但一直没有跟上南极保护措施的步伐。此外，极地航运指南主要集中在海上安全，而不是环境保护方面。

3. 北极海洋生物资源：北极沿海国和其他有兴趣使用和管理北极海洋生物资源的各方应扮演必要的角色。国际合作和科学研究也很重要，以防止因运输、石油和天然气开发、旅游等对渔业资源产生的负面效应。

4. 潜在的北极石油和天然气开发：北极陆上和海上油气生产正吸引越来越多的亚洲国家，如中国、日本和韩国，它们均是能源消费大国，正在寻求多样化的能源供应。

5. 北极非正式治理机制：需要创制有效方法，以使非北极国家有关北极事务的声音能得到倾听，比如参加北太平洋北极会议这样的非正式论坛。

论坛的结论是，专家们就成果达成一致，但是，仍然考虑是否需要在北极和非北极国家之间的未来研究方面提供一些帮助。此外，来自不同国家的专家，如俄罗斯、中国、日本和韩国，分享了从其各自国家角度出发提出的帮助大家更好地了解北极情况的建议。原住民社区也提出自己的观点和关切。大多数原住民认为，原住民社区需要参与北极合作的所有问题，需要和北极合作的利益攸关方分享相关的知识和技能。总体而言，相关结论表明北极事务国际合作的重要性。

在2013年，北太平洋北极会议围绕五大方面进行讨论。

1. 北极海运的未来：自然资源的开发和运输对航运和物流的挑战上升了。此外，也有着对于可预见的未来商业活动和环境保护两者之间进行平衡的担忧。

2. 北极油气开发的未来：包括北美页岩气革命对北极地区石油和天然气开发影响的疑问。

3. 潜在的北极渔业：因为北冰洋的商业前景是未知的，即使在北冰洋中央部分可捕捞渔业资源仍然不确定的情况下，主要关注的是未来商业捕鱼和必要的渔业管理。

4. 北极的原住民——因纽特人对建设北极可持续社区的观点：因纽特人认为，北极的未来应该得到生活在北极的人民的认同，并应提升北极社区的应变能力。许多人强调，原住民社群应被视为权利人，并应成为有关北极项目的咨询顾问。此外，区域机构和北极社区之间的伙伴关系是必要的，从而有利于双方保护自然环境。

5. 北冰洋治理的演变：北冰洋治理已经发展到人类的使用可能影响北极海洋环境的程度。另一个值得讨论的问题是北极将会发展成为一个和平的区域还是冲突的区域。

专家们所关切的是北方海航道及其未来潜在的利用、北极地区是否仍然是和平地区的前景。有关海上安全和环境保护等其他问题也被提及。来自加拿大、中国、日本、韩国、俄罗斯、美国等国的专家，以及原住民团体、国际海事组织和其他重要的非政府组织代表，也发表了他们的观点和对未来的倡议。总之，国际合作是主旋律，且必须通过这样的非正式论坛来推动相互合作。

二、新举措

随着北极和非北极国家合作的扩大，北太平洋北极会议提出了为促进区域繁荣和北极的可持续发展，在北太平洋国家之间创建区域性的、非正式的合作研究团队。因此，在2014年，韩国海洋研究院对中国和日本的研究机构提出创建北太平洋北极研究团队的建议。北太平洋北极研究团队的主要目标如下：

1. 鼓励对北极地区的机遇和挑战的跨学科研究。

2. 沟通和分享地区能力建设的研究成果。

3. 加强北极成员之间不同层次的合作，如论坛、研讨会和联合研究。

2014 年 3 月，来自中国、日本和韩国的 13 个研究机构和大学的专家学者，应邀参加了第一届北太平洋北极研究团队研讨会。为期一天的研讨会探讨了北极所面临的问题，以及北太平洋北极研究团队的未来。

达成的主要共识是，所有参与组织方支持北太平洋北极研究团队成为该地区学术机构之间的定期会议，并指定了各组织的联络点，确立了北太平洋北极研究团队的基本方针。此外，所有与会成员都同意在中国举办下一届研讨会。

三、未来的挑战

北太平洋北极会议和新形成的北太平洋北极研究团队，将促进和加强北极地区和北太平洋亚洲地区之间的合作与联系。尽管许多来自观察员国的专家出席并知晓其参与北极事务的机会有限，北极理事会的成员和北极 8 国都承认非北极国家在讨论北极新问题时的重要性。然而，挑战仍然存在，必须考虑制订替代方案来改善非北极国家参与不充分的情况。下述挑战和影响应得到进一步研究：

1. 北极地区的商业投资：谁是投资者（民营企业、国有企业、政府）？具体项目和基础设施的投资有多少用于多种用途？

2. 理解国家的北极政策：一国是否有一项总体的北极战略或政策？在多大程度上能实现发展与环保之间的平衡？

3. 北极政策：非北极国家过去在工作组或附属机构的经验教训有哪些？是否有其他论坛可提供北极国家和非北极国家之间的双边或多边的有关北极合作的最佳实践？

4. 北极地区的技术创新：哪些北极海洋技术领域的新技术和相关研究开发将影响北极的未来？有哪些光纤电缆和北极通信方面的新技术将影响北极的未来？

5. 北极原住民对北极发展的反应：可以断言，北极地区的资源开发将由外部私营和公共部门的驱动，北极理事会观察员国的增加是否会稀释甚至淹没永久参加国的声音？

本文的主要目标就是强调北极相关问题和挑战的重要性。在北太平洋北极会议的建议下，一个新的非正式的区域学术网络——北太平洋北极研究团队将聚焦北太平洋地区和北极之间的合作。虽然挑战仍然存在，我们应促进和加强北极国家和非北极国家之间更高效的国际合作，推动北极理事会成员国和观察员国之间的沟通。

第二编

北极自然资源和基础设施发展与亚洲国家的利益

北方海航道的国际化使用

——趋势与前景

阿瑞尔德·默[*]

译者　赵　隆　校译者　封　帅

　　北方海航道（NSR）所显示出来的运输潜力在近几年得到各方的密切关注。本文的目标是通过分析当前该航道的国际航行现状，讨论其发展趋势并对未来开发提供思考借鉴。

　　在很长一段时间内，高额的运输和破冰费用阻碍了北方海航道的国际化，几乎没有船只经此航道航行。因此，俄罗斯航道管理部门自 2009 年起批准俄罗斯国营核能破冰船公司（Atomflot）向各航运公司提供优惠的破冰及引航服务费，从而吸引更多的顾客。2009年 8 月下旬，德国布鲁格船务公司（Beluga）自韩国始发两艘货轮，经白令海峡向西进入北方海航道，向鄂毕湾（Ob Bay）运送了 44 个发电厂组件。第二次穿越该航道的航行——也是第一次在两个非俄属港口间进行的载货航行——是在 2010 年 9 月，由挪威

　　* 阿瑞尔德·默（Arild Moe），挪威弗里德约夫·南森研究所执行所长。本文有部分内容取自作者文章《北方海航道：未来顺利的航行？》，部分观点根据该文进行了延伸拓展，详见：A. Moe，"The Northern Sea Route：Smooth Sailing Ahead？"，*Strategic Analysis*，Vol. 38，No. 6，November-December 2014，forthcoming 2014。

楚迪物流公司（Tschudi）组织的。一艘散货船自挪威的希尔克内斯港（Kirkenes）出发，沿俄罗斯北部海岸线向中国的港口运送了4.1万吨铁矿石。[①] 此次航行开启了北方海航道国际化使用的新时代，该航道的货运量在接下来的几年中出现了相对此前水平的急剧增加。

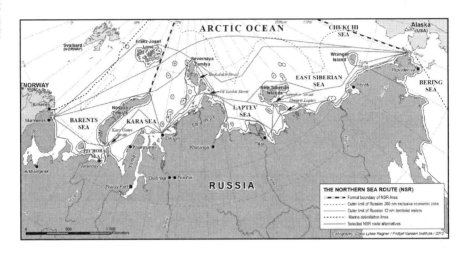

图1　北方海航道

可以看到，经北方海航道的货运航次由2010年的4次增至2013年的71次[②]，货运量自2010年至2012年也出现了增长，但在2013年有些许下降（见图2）。但是，必须认真分析这些数字背后的真正含义。按照俄罗斯航道管理部门的定义，此处所统计的"货运"包括了所有沿东西伯利亚海岸线横穿北方海航道水域的航行。也就是说，自鄂毕湾始航至东端的航行，以及自西端始航至远东佩韦克（Pevek）的航行也同样计入其中，虽然这些航行并没有

① Tschudi, "Historic sea route opens through the Arctic to China", http://www.tschudiarc-tic.com/page/206/Northern_ Sea_ Route（accessed 26 March 2014）.

② 除特殊标注外，此处及以下所引用数据均在北方海航道信息办公室公布信息的基础上计算得出。

完全穿越北方海航道。

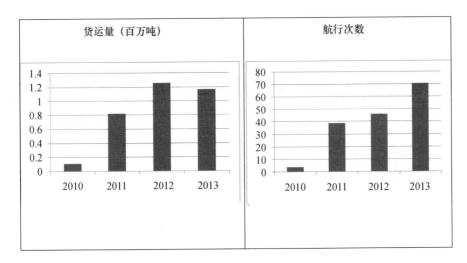

图2 北方海航道的过境运输

同时，这些航行的始发港和指运港可能均为俄属港口，而并非真正意义上的国际航运，国际媒体在报道时对这一定义也出现了误读。因此，这些数据更适合于反映北方海航道的航行活跃程度，但很难作为评估实际商业需求的指标。

从具体数据来看，北方海航道的大多数航运都仅限于俄属港口之间。2011年，在所有统计的41次航次中，仅有16次为国际运输，其余均为俄属港口间的运输。2012年的46航次中有27次为国外港口间的运输，或始发自俄属港口运往外国港口。2013年的71航次中仅有28次的始发或指运港均位于俄罗斯境外（见图3）。

俄属港口间的运输主要由俄政府的"北方运输"（Northern deliveries）计划推动，用于向其北部居民定居点运送补给，很难定义为商业性航运。此类运输是二战结束后北方海航道的常态化运输方式，并在1992年达到其顶点，共有22艘船只运送了22.6万吨的

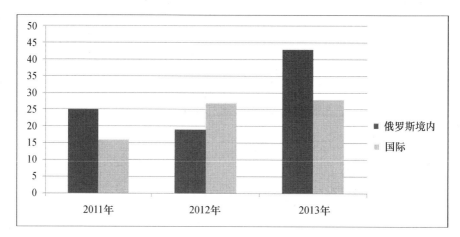

图3 2011—2013 年的北方海航道总航次

货物。① 在随后的几年中，经此航线航行的货轮数量不明，但 20
世纪 90 年代运输补给系统遭到完全破坏，运输总量也大幅减少。
1998 年，自西向东的补给运输总量为 16.2 万吨。② 近 10 年来，这
一数字又出现了回升，在 2011 年有 5 艘运送柴油的船只在俄罗斯
西部城镇港口和东部居民定居点间航行，2012 年此类运输的航次
达到 11 次，2013 年则达到 21 航次，此类"境内运输"在 2013 年
的货运总量为 23.5 万吨，共 31 航次。

燃料运输一直是境内运输的基本类型，但近年来同样出现了
部分"新货种"。2011 年，共有 4 艘冷冻货船从堪察加半岛
（Kamchatka）始发向圣彼得堡运送冷冻鱼类，在 2012 年同样有
一艘冷冻货船按照此路线进行海运，此类运输终止于 2013 年。
2013 年的散杂货运输航次为 9 次，其中 8 次为始发自俄罗斯西部

① "Man-icebreaker", in Russian, *Arktik-TV*, 26 February, 2014, http：//www. arctic-tv. ru/
news/glavnye-sobytiya-dnya/chelovek-ledokol（accessed 14 March 2014）.

② C. L. Ragner, "Northern Sea Route Cargo Flows and Infrastructure-Present State and Future Po-
tential", （Lysaker, Fridtjof Nansen Institute）, *FNI Report 13/2000*, 2000, p.13.

港口向东部的运输（见图4）。按照近三年的数据分析，北方海航道并未出现稳定的运输范式，新的货种尚未对航运市场的短期潜力和北方海航道未来的航运条件产生影响。尽管如此，散杂货运输在未来将出现相应的增长，并与远东和东西伯利亚沿岸地区的新工业化发展保持一致，因为推动其中部分项目的发展必须要借助北方海航道。

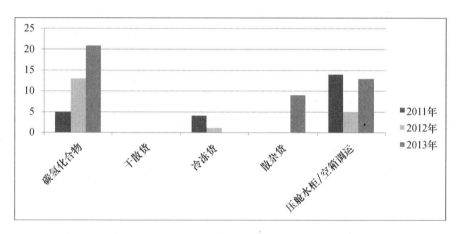

图4　2011—2013 年北方海航道境内运输

如果对于国际运输进行更为详细的分析，也就是始发港和指运港一方在或都在俄罗斯境外，此类运输主要由俄罗斯西部的摩尔曼斯克（Murmansk）和阿尔汉格尔斯克（Arkhangelsk）港始发①（见图5）。但在 2012 年的航运峰值后，自这些港口始发的航次明显减少，2013 年的航次甚至低于 2011 年的水平。在指运港中，欧洲港口在 2012 年和 2013 年中都占据主要位置，运往中国和韩国的航次也出现了相较于 2011 年高水平的下降（见图6）。

---

① 始发港或指运港其中一方为俄属港口的运输在部分资料中也被认定为北极和国际市场间的"指运性"（destinational）航行，详见：*Arctic marine shipping assessment 2009 report*，Arctic Council，2009。

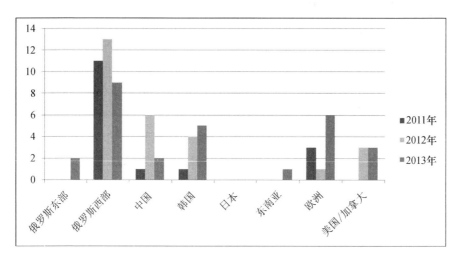

图 5　国际运输的始发港

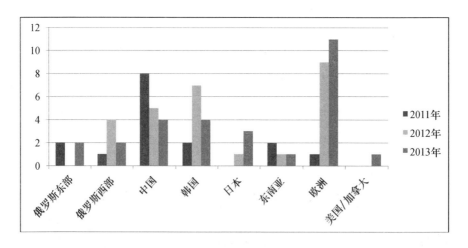

图 6　国际运输的指运港

　　国际运输的主要货物种类为碳氢化合物，也就是凝析油（Gas condensate）（见图 7）。凝析油主要由"诺瓦泰克"公司（Novatek）在西西伯利亚地区生产，经由铁路运送至白海维迪诺港

（Vitino）或摩尔曼斯克港，随后运往世界其他市场销售。2011年，此类运输航次为9次，2012年为7次。但是，此类运输的航次在2013年出现了大幅下降，仅有2个航次由摩尔曼斯克港始发向东部运送凝析油。造成这一结果的原因是，2013年夏季在波罗的海建成的乌斯特卢伽（Ust-Luga）海上钻井平台保障了稳定的凝析油生产，这意味着在西方市场的供应量相较于过往两年出现了较大增长。[①] 虽然还会有自维迪诺港向东部运输的不定期航次，例如2013年有两个航次由乌斯特卢伽运出，但此类运输的整体货运量将会减少。然而，由于除凝析油之外的其他碳氢化合物运输量出现了增长，碳氢化合物的货运总量还是维持在稳定水平。与2011年和2012年始运自俄罗斯的航次相比，2013年有部分航次由亚洲国家始发向欧洲运送石油产品，还有部分没有在俄属港口停靠、由欧洲始发运往亚洲的航次。2012年，北方海航道的国际货运中首次出现了液化天然气（LNG）货船。2013年，从挪威斯诺赫维特气田（Snøhvit field）始发两艘液化天然气船运往日本。虽然总量较少，但可以看到石油产品经由北方海航道的运输是双向的，也反映了该航道在亚太和欧洲市场间的运输价格的确存在经济性优势。

干散货运输的主要种类是铁矿石，在2011—2013年分别达到3航次、6航次和4航次，所有航次均始发于摩尔曼斯克港并运往中国。

如图7所示，除碳氢化合物运输外，北方海航道国际运输的货运种类很多为压舱水柜和空箱调运。一方面，此类运输反映了航运公司按照商业经济性进行的船只调度，但在另一方面，较多航次的空箱调运和压舱水柜船也反映出双向运输需求的缺失，以及较低水平的返航运输需求，是国际运输较低经济吸引力的客观体现。

---

① V. Chernov，"Ust-Luga：gas attack"，*Port News*，20 June，2013，http：//portnews. ru/comments/print/1625/？ backurl＝/comments/，（accessed 14 March 2014）.

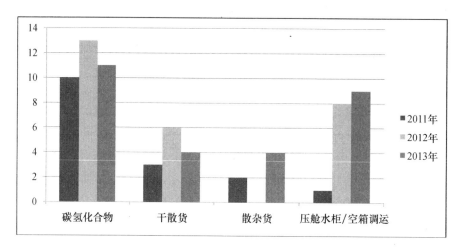

图7　北方海航道国际运输货物种类

一、"亚马尔"液化天然气（Yamal LNG）

"亚马尔"液化天然气项目的成功与否，取决于北方海航道全年的大规模利用。从这一点看，该项目决定了北方海航道开发的未来。该项目计划在俄罗斯亚马尔半岛东部的坦别斯基（Tambeyskoe）地区开采天然气，在萨别塔港（Sabetta）建造天然气液化处理厂，并经由北方海航道运往各地，预期每年生产1650万吨液化天然气。该项目的基础市场在东北亚地区，并在冬季运送至大西洋市场。造成该项目商业规划复杂化的因素在于，根据法律规定，俄罗斯天然气工业股份有限公司（Gazprom，以下简称"俄气"）持有天然气出口的垄断资格，引发了其他公司的强烈抗议。经过了长久的斗争后，俄罗斯诺瓦泰克公司获得了与"俄气"相同的液化天然气出口资格，① 成为了该项目在 2013 年 12 月最终敲定并进行终极投资的关键原因，该项目的预计投资总额将达到 269 亿美元。②

该项目由非国有的俄罗斯诺瓦泰克天然气公司进行开发，并持有 80% 的股份，其余 20% 股份由法国道达尔石油公司（Total）持有。2013 年 6 月，中国石油天然气集团公司宣布将购买诺瓦泰克公司 20% 的股份，双方还将签署天然气供应合同，该协议最终在 2014 年 1 月正式签署。③ 同时，俄罗斯和中国还在当月签署了政府间协议，俄罗斯将为项目加强刺激税收政策至 2045 年，而中方承诺每年购买 300 万吨液化天然气。④

由俄罗斯政府负责的萨别塔港口的建造始于 2012 年 7 月，并

① Russian Presidential Executive Office, "Instructions from the President of the Russian Federation, 15 October, 2013", in Russian, http：//kremlin. ru/assignments/19437（accessed 14 March 2014）. The decision was later written into law, operative from 2014. "Russia selectively liberalizes gas export law for LNG", *Oil & Gas Journal*, 6 January 2014, http：//www. ogj. com/articles/print/volume－112/issue－1/general-interest/russia-selectively-liberalizes-gas. html（accessed March 14, 2014）. The permission to export, which is granted selectively, is for markets beyond the reach of Russian pipeline（Gazprom）gas. Thus a deal was concluded with Fenosa to supply 2. 5 mill. tons annually to Spain. "Yamal LNG and Gas Natural Fenosa sign long-term LNG supply contract" Press release from Yamal LNG and Gas Natural Fenosa, 31 October 2013. http：//www. gasnaturalfenosa. com/en/press＋room/news/1285338473668/1297159852041/yamal＋lng＋and＋gas＋natural＋fenosa＋sign＋long-term＋lng＋supply＋contract. html（acessed 25 July 2014）. By December 2013 Novatek reported that 70 per cent of the project's output had been contracted. Novatek, "Final investment decision made on Yamal LNG project", Novatek press release, 18 December, 2013, http：//novatek. ru/en/press/releases/index. php? id_ 4＝812（accessed 25 July 2014）.

② Novatek, "Final investment decision made on Yamal LNG project", Press release from Novatek, 18 December, 2013, http：//novatek. ru/en/press/releases/index. php? id_ 4＝812（accessed 25 July 2014）.

③ Novatek, "NOVATEK closes sale of 20% interest in Yamal LNG to CNPC", press release, 14 January, 2014, http：//novatek. ru/en/press/releases/index. php? id_ 4＝826, （accessed 14 March 14 2014）.

④ Official Russian legal information web portal, "Agreement between the Government of the Russian Federation and the Government of the Peoples' Republic of China on cooperation in the sphere of realization of the project 'Yamal LNG' of 13 and 20 January 2014", in Russian, http：//pravo. gov. ru：8080/page. aspx? 91153, （accessed 26 March 2014）.

在年内完成了该项目的工程设计工作。随后，韩国大宇公司在2013 年赢得了制造 16 艘破冰货轮的订单，这类液化天然气货轮能够在 1.5 米厚度的冰区保持 5 节的速度破冰航行，并以较低速度在2.1 米的冰区独自航行。按照协议规定，这些船只建成后将出售给"亚马尔"液化天然气项目指定的航运公司。[①] 第一艘货船的订购合同由俄罗斯北部商业破冰船公司（Sovcomflot）在 2014 年 3 月签署，并由该公司投资和运营。[②]

毫无疑问，小型破冰船对于保障萨别塔港口的开放运营较为重要，而大型破冰船和核动力破冰船对于亚马尔半岛始运的航行具有重要含义。但各方对于长距离航行时破冰船的护航角色却存在不同认识，"亚马尔"液化天然气项目提出新建造的液化天然气破冰货轮有能力在全年大多数时间里进行独立的冰区航行，不需要核动力破冰船的护航。[③] 这一看法与俄罗斯国营核能破冰船公司的看法相左，因为坚持液化天然气货船的护航制度将构成稳定的护航服务需求，并保障该公司未来数年的收入。[④] 根据预测，在项目完全建成后，每年将有 200—250 个始发自萨别塔港的液化天然气货船破冰

---

① Novatek，"Yamal LNG names tender winner among shipyards and signs agreement to build LNG tankers"，pressrelease，4 July，2013，http：//www. novatek. ru/en/business/yamal/southtambey/，（accessed 14 March 2014）.

② 'DSME to Build 1st ARC7 Ice-Class Tanker for Yamal'，*World Maritime News*，17 March 17，2014，http：//worldmaritimenews. com/archives/106699/dsme-to-build-1st-arc7 – ice-class-tanker-for-yamal/，（accessed 14 March 2014）.

③ T. Larionova，"A Hard Nut"，in Russian，*Transport Rossii*，12 September，2013，http：//www. transportrussia. ru/biznes-territorii/krepkiy-oreshek. html（accessed 26 March 2014）. Sovcomflot seems to share Atomflot's opinion, namely that（nuclear）icebreakers still will be needed, although this is expressed in more indirect terms. See Russian Presidential Executive Office, Stenographic report from meeting between General Director Sergey Frank and President Vladimir Putin 6 August 2013, http：//kremlin. ru/news/19002（accessed 14 March 2014）.

④ In the words of Atomflot's general director Yamal LNG is "an anchor customer" for Atomflot. OilCapital. ru，"Atomflot plans conclude a contract about servicing the Yamal LNG project for 40 years"，in Russian，3 December，2013，http：//www. oilcapital. ru/industry/226226. html（accessed 25 July 2014）.

护航需求。^① 自 2014 年项目开工建造以来，在冬季为相关船只进行护航也成为该公司的潜在目标，预期每月将有 3—5 艘货轮需要相应的破冰护航服务。^②

因此，俄罗斯国营核能破冰船公司宣布将与"亚马尔"液化天然气项目签署长期合作协议，^③ 同时希望与"俄气"达成协议，为亚马尔半岛南部的诺唯港（Novy）始发的油轮进行引航，按照预测，此地每年将生产 800 万吨原油。^④ 此项协议的具体细节尚不清楚，但保障航道在未来数年运行的破冰护航能力需求问题将继续处于争论之中。

二、结论

北方海航道中的商业航次仍较为有限，很难根据这些数据清晰地总结该航道的经济吸引力和前景。但可以看到，目前大量的航次均由航运公司根据自身的短期需求所推进，无法对提升北极航运走廊的使用频率和长期战略产生影响。从具体案例来看，2011—2012 年，受波罗的海新建成的海上钻井平台影响，巴伦支海和白海的港口始发经北方海航道运往东亚市场的凝析油运输航次减少。虽然自挪威希尔克内斯港运往中国的铁矿石运输航次在 2010 年出现了增

---

① "Into the Arctic with new technologies", Interview with Atomflot's deputy director Mustafa Kashka, in Russian, *Strana Rosatom*, No. 45, December, 2013, http：//www. strana-rosatom. ru/ pdf/rsa125. pdf（accessed 25 July 2014）.

② "Atomflot plans to conclude a contract about servicing the Yamal LNG project for 40 years", in Russian, *Neft Rossii*, 4 December, 2013, http：//www. oilru. com/news/389192（accessed 14 March 2014）.

③ Ibid.

④ "Into the Arctic with new technologies", Interview with Atomflot's deputy director Mustafa Kashka, in Russian, *Strana Rosatom*, No. 45, December, 2013, http：//www. strana-rosatom. ru/ pdf/rsa125. pdf（accessed 25 July 2014）.

长，但由于此后大部分由此处始发的铁矿石均销往欧洲市场，此类运输同样仅限于短期需求而无法产生长期战略影响。的确，航运公司维持了一定的国际货运量，但货物种类的多样性和破冰船限制是此类运输前景的决定性因素。只有少量的证据表明，这些运输航次来自国际货运需求本身，亦或航运公司将通过投资增加对北方海航道的使用。

对于俄罗斯航道管理部门来说，"亚马尔"液化天然气项目的成果更多聚焦于利润收入，而并非刺激提升北方海航道的航运量。为了保障液化天然气的生产和销售，俄罗斯政府在税收方面作出了让步，但同时又寄希望于利用该项目的开发赚取可观的破冰护航费。俄罗斯希望借助此类运输保持稳定的经济收入，以此来维护破冰舰队的运营，并解决困扰已久的北方海航道基础设施建设的资金问题。

这种评估的前景尚不明确，但较为可信的是亚马尔项目的实施将产生超越项目本身的影响，并吸引更多的潜在航道使用者向破冰舰队投资。当然，尚存在一系列左右这一判断的其他因素。①

---

① A. Moe, "The Northern Sea Route: Smooth Sailing Ahead?", *Strategic Analysis*, Vol 38, No. 6 November-December 2014, forthcoming 2014.

中国天然气行业动态概览

查道炯　列夫·伦德[*]

译者　于宏源　校译者　张　沛

简　介

自从汉代（公元前206年—公元220年）第一个可用的天然气田在今天的四川省建立以来，天然气就成为中国能源结构的一部分。1979年，中国位居世界工业天然气生产国第13位，1978年的产量是20世纪50年代的2156倍。[①] 众所周知，中国与世界在天然气方面的联系在于以下几个方面：首先，2013年，中国进口天然气530亿立方米，这占了其天然气总消耗量的31.6%；其次，中国天然气进口的一半来自海上，而另一半来自路基管道；第三，2013年，天然气仅占全国主要能源总消费量的4%。

对于中国和世界来说，中国的天然气产业如何发展都是一个重要的问题。事实上，与像煤气等处理过的气体相反，天然气是清洁

---

[*]　查道炯，北京大学教授；列夫·伦德（Leiv Lunde），挪威弗里德约夫·南森研究所所长。

① Sin, Dai Jin, "China's Expanding Natural Gas Industry", *AGA Monthly*, 61：10（October 1979）, pp. 18 – 23. This is quite possibly the first comprehensive introduction to China's natural gas industry, published in the English Language.

燃料的最佳选择。中国政府和民众仅需要看看全国很多大城市的雾霾情况就可以知道，天然气的快速发展会给中国带来巨大的附加值：从空气质量的提高到居民对总体生活水平的满足，还有对于能源安全的普遍关注。而世界其他地区所感兴趣的是：中国对天然气进口需求的增长，会不会像曾经扰乱国际石油市场那样破坏国际天然气市场？中国持续的改革进程会不会允许国外更多地参与到中国本土供给来源的扩大？中国对天然气开采和进口的渴求会否扩展其地缘政治的视野，包括在北极地区的活动？

这段简短的说明描述了中国天然气产业的一些背景信息。我们旨在为国际读者提供一个有关中国天然气主要政策驱动和约束的专家观点的梗概。我们也会描绘出中国如何与世界天然气产业相关联。通过这些工作，我们希望为讨论中国在北极地区的天然气未来利益的可能性提供一个知识基础。

一、国内储量估算

像其他国家一样，从地质科学方法论、技术创新、政府政策以及对投资回报的市场计算上看，中国能源储量的估算是主要的输入因素。2013 年 3 月《中国日报》报道，探明天然气储量比上年增长 33%，或者说是 9610 亿立方米。该报道引用一位国土资源部官员的话说："2012 年新探明的天然气储量中，有 5010 亿立方米在技术上是可以回收的，比上一年增长了 36%。"①

值得注意的是，中国的天然气（和石油）储量估算受到国家能源管理网络的严重影响。全国范围内的天然气资源评估都是通过运

---

① Wang Qian，"China's natural gas reserves rose the most in 2012"，*China Daily*，March 27，2013，http：//www. chinadaily. com. cn/china/2013–03/27/content_ 16350479. htm（last accessed A-pril 14，2014）.

动的形式来进行的。这种评估第一次出现在 1981—1987 年间，是由当时的石油工业部和地质矿产资源部组织的。"这种评估强调地理方面的前景，但既未提及回收，也未提及经济问题。"①

第二次全国范围的评估发生在 1992—1994 年，是由中国石油天然气集团公司领导的，中国海洋石油总公司也参与其中。在这次估价的结果被用作投资政策基础之前，中国国企重组开始了（1999—2003 年）。结果出现了一种新的特点，那就是中石油、中海油和中石化三家公司都在国内外的证券交易所进行了登记。这三家公司进行了各自的储量评估，并在披露这些报告上互相竞争。

然后，在 2003—2005 年，国家发展改革委员会、国土资源部和财政部共同指导了国家第三次天然气储量评估运动，采纳了中石油的标准和方法。这次调查覆盖了 129 个近岸和离岸盆地。

无论如何，中国关于天然气储量的统计都是互不相同的。"在过去几十年中，中国天然气资源评估结果的不同，主要是由于不同的评估方法、不同的评估盆地的数量和不同的数据输入的可靠性造成的。"②

或许是由于对意识和政策协调的不足，从 2008 年开始，国土资源部在开展和更新国家能源和矿产储量的年度评估上起到领导作用。但是，正如资深的中国能源政策观察家爱德华·周（Edward C. Chow）所指出的："大多数外国研究人员没法得到中国的数据，而且由于全国统计数据的变幻无常，就算他们可以得到数据也没法准确地解释它们。"③

① Zhao Wenzhi, et al, "Natural gas resources of the sedimentary basins in China", *Marine and Petroleum Geology*, 25（2008），p. 310.

② Zhao, et al., ibid, p. 312.

③ *Edward C. Chow*, "The Future of Natural Gas in China: why the world cares", December 18, 2013, http://csis.org/publication/future-natural-gas-china-why-world-cares（last accessed April 12, 2014）.

中国官方储量数据统计的准确度（或者缺乏准确度）并不是我们讨论的重点。这足以证明中国一直试图弄清楚为什么天然气在过去没有成为中国主要的燃料资源，这就是用一个看起来永远不会有结论的问题来展开对于可用于商业开发的资源数量的探索。

二、天然气定价

如果不包括环境成本的话，中国天然气发展程度低的一个原因就是其价格与煤炭相比更贵。但是，为了推动天然气利用，政府保持一种"成本加成"的基价制度。这就导致了其价格与国际市场相比相对低廉，尤其是作为煤炭的替代品。

中国国内天然气价格制度包括三个部分：（1）出厂气价；（2）运输关税；（3）最终价。出厂气价和运输关税是受中央政府控制的，但是最终价是受各个省份的地方政府控制的。出厂气价主要取决于天然气的生产价格（井口成本加上净化费，包括融资成本和税）和生产方适当的利润（12%）。运输关税取决于管道的建设和运营成本以及从每一个天然气田到城市的不同的运输距离下的12%的利润。城市天然气价格是出厂气价与运输关税之和。这些都是固定价格，可以对其进行重新评估以使其保持在之前价格的8%以内，但是这种评估不会经常举行（事实上，价格增长是在特别的基础上实施的，有时高于8%）。省政府将分配成本、替代燃料价格和其他市场因素考虑在内来决定最终价。①

结果就是形成一个对于天然气产业链、商业、工业和居住地最终用户各种连接点的复杂的补贴网络。虽然补贴并不是中国独有的，

① Nobuyuki Higashi, "Natural Gas in China Market evolution and Strategy", *International Energy Agency*, June 2009, p. 24.

专家一般也都同意对补贴的期望能够保证燃料的市场供应，但是它仍然妨碍了整个产业的市场驱动型发展。[①]

这并不是说中国政府满足于当前的天然气定价制度。2011 年 12 月，中国在广东和广西启动了天然气定价改革试点，这是中国推动市场主导型定价机制的最新努力。在这种制度下，天然气价格将会盯住其他替代能源（例如工业燃油和家用液化石油气），从而利用包括所有向市场提供产品的成本公司的"净收益回溯定价"（net-back）计算方法。此外，虽然政府仍然设定总体的价格上限并半年或按季度调整，但是买卖双方可以在该上限下协商交易。[②]

在两个南方省份开展的天然气定价改革试点工作还没有推广为新的全国范围的准则。由于通过管道进口天然气，所以中国在处理源于长期合同的相关成本上处于很好的位置。然而，在液化天然气进口上，中国没有能力来控制其波动。

中国能否遵循先前石油价格改革模式尚待分晓。在石油和石油产品上，在 1993 年中国成为石油净进口国之后，扩大石油进口已经推动国内价格更接近国际市场价格。2007 年，面对增长的需求和正在增长的进口，政府停止煤炭价格控制并开始市场机制改革。

三、中国上游天然气产业的国外参与

1979 年，在对国外资本、技术和专门技能需求的刺激下，中国通过签署 5 个双边石油合同迈出了中外合作开发的第一步。很快中

---

① Wang Ting and Lin Boqiang, "China's natural gas consumption and subsidies: from a sector perspective", *Energy Policy*, 65 (February 2014), pp. 541 – 551.

② Xinhua News Agency, "China Starts Pilot Reform on Natural Gas Pricing", December 28, 2011, http://www.china.org.cn/china/2011 – 12/28/content_ 24265560. htm (last accessed April 14, 2014).

外合作开发招标程序出台。1982 年和 1983 年，中国发布了奠定今天石油天然气产业框架的早期制度。①

20 世纪 90 年代，在外来投资上中国继续受益。由于更多的公司开始对中国感兴趣，产品分成合同逐渐复杂。随着中游产业的打开，外国企业对这一领域的兴趣非常有限，大部分中游企业运作仍由中国国内公司来进行。

1999 年，中国正式解除对国内油气管道建设外来参与的禁令。2002 年，壳牌、埃克森美孚和俄罗斯天然气公司领导三大财团与中石油（CNPC 公开上市名）签署了一个框架协议。在初步协议中，在建设连接新疆与上海的耗资 52 亿美元、长 4000 千米的东西管道工程中，国外财团可占有 45% 的股份。其中包括上游气田和下游销售设施建设在内，该项目投资成本估计多于 200 亿美元。但是在 2004 年 8 月，中外合资企业正式结束，"在经历了两年的谈判中，没有形成一个统一的投资战略"。②

国外退出与中国能源公司在开发天然气上伙伴关系的另一个高度关注的案例也发生在 2004 年。当年 10 月，壳牌与优尼科宣布退出中国东海西湖计划。"显然，国外公司不相信该区域有足够的天然气来使它们的参与有利可图。"③

合资公司在天然气开发中很自然地按照演进的基础行事，这一演进的基础受制于对地理、技术和产品价格变化的评估以及其他的市场因素。在中外合作项目的案例中，对中国自身来说更重要的因素是制度框架。

自从 2001 年 12 月中国加入世界贸易组织（WTO）以来，新公

---

① Wang Haijiang, "China's Oil Policy and Its Impact", *Energy Policy*, 23：7（July 1995），pp. 627 – 635.

② Eric Ng, "PetroChina cuts foreign ties on West-East gas pipeline project," *South China Morning Post*, August 4, 2004. Archived in Proquest.

③ Andrew Browne, "China Gas is Fuel for Doubts: foreigners' withdrawal from East China Sea highlights problems," *Asian Wall Street Journal*, October 1 2004. Archived in Proquest.

布的管理外资参与近岸和离岸上游石油项目主要制度的修正，使其与中国在 WTO 的承诺相一致。中国入世最重要的一步就是修改《中华人民共和国陆海石油中外合作管理规定（2003）》。这些修改给外国公司提供了更多进入中国的机会，但是想要进入中国开发还需要与一个中国国有企业确定伙伴关系。这些制度在 2007 年被再次修改，但是变动很少。总体上看，正如 WTO 秘书长最近所说的那样："有关中国能源部门的政策其实没有重大变化，其特点仍是高度国有化、制度化以及有限竞争。"[1]

无论如何，下面这些都被认为是外资在中国开发天然气上继续参与的障碍：[2]

1. 中国并不是天生具有丰富和廉价的天然气储备，并且在中国天然气供应地远离主要需求重心；

2. 中国缺少可以鼓励天然气部门投资的发达的法律和制度框架；

3. 关于怎样最好地开发天然气技术和市场缺乏相关知识；

4. 中国的天然气供应基础设施是碎片化的，需要大量的投资来负担其发展经费。

三、中国页岩气

当提到中国的页岩气以及其他非常规天然气的时候，到如今仍说其发展前景潜力巨大便是老生常谈了。"潜在的"这个词就等于

---

[1] Quoted in David Blumental, Tju Liang Chua and Ashleigh Au, "Upstream Oil and Gas in China", undated, p. 14, http://www.velaw.com/uploadedFiles/VEsite/Resources/20 - Vol3SecVCh3Upstream
OilandGas. pdf（last accessed April 14, 2014）.

[2] David Blumenthal, et al., ibid, p. 6.

承认关于该国对已探明的地质储量没有共识。

中国页岩气概算

机构	页岩气资源估计（万亿立方英尺）
美国能源信息局	1274.85
国际能源署	918.18
中国国土资源部	886
中国石油天然气集团公司	1084

资料来源：作者编辑多种官方资料整理所得。

　　事实上，近来中国对于非常规天然气的关注主要在于煤层气。煤层气是一种与煤炭资源相关的天然气。中国大量的煤炭资源和煤炭开采活动，使得煤层气成为中国开始进入非常规天然气开采领域的首选位置。开展多年的国际合作之后，中国成为第三大煤层气资源基地拥有国，仅次于俄罗斯和加拿大。2013 年中国页岩气输出量是 2 亿立方米，而煤层甲烷生产量是 30 亿立方米。[①]

　　关于页岩气，中国已经制订了一个目标，即到 2015 年每年生产 65 亿立方米，到 2020 年差不多每年生产 1 万亿立方米，而这一目标的起点是 2012 年几乎为零的生产量。这一目标能否实现还要拭目以待。

　　中国鼓励国际能源公司参与中国页岩气的开采和生产。2013 年 3 月，壳牌获得了其在中国的第一个页岩气生产共享合同。尽管探索进程比预想的缓慢，但是雪佛龙公司是另一个进入中国页岩气勘探的主要国际能源公司。[②] 2014 年 4 月初，中石油报告称，其已

---

① "China's 2013 Shale Gas Output Stood at 200 mcm, CBM at 3 bcm," January 4, 2014, http://www.naturalgasasia.com/chinas – 2013 – shale-gas-output-stood-at – 200 – mcm – 11454（last accessed April 15, 2014）.

② Simon Hall, "Chevron Says Shale Gas Outside U. S. to Hit Markets More Slowly Than Most Expect," *Wall Street Journal*, June 8, 2012. Archived at Proquest.

在四川省完成了中国第一个具有商业可行性的页岩气勘探。[1] 探索活动进程缓慢的部分原因是，在中国公司必须钻像美国的2—3倍深度的井，这就导致活动进程更昂贵、嘈杂和更有危险。

因此，中国没法复制美国的成功以见证一场"页岩气革命"。同时，现在对于中国页岩气和其他形式的非常规天然气发展作出有意义的结论还为时尚早。相反，继续跟进中国和其他国家在页岩气事业上的努力是有价值的。

四、液化石油气进口

中国第一个液化石油气进口项目在2000年1月由中国国务院通过。6年之后，深圳液化石油气终端成为中国第一个能够实现每年接受、储备、气化和分配3.7公吨液化石油气的终端。澳大利亚液化天然气公司（ALNG NWS）被选定为液化石油气供应商，其液化石油气供应合同与广东省签署，承包费为200亿—250亿澳元。从2006年开始，连续25年从澳大利亚进口液化石油气。[2]

深圳项目是由占股36%的中海油领导的，成为邀请国际社会合作的先例。财团中另外三家中国公司是广州天然气公司、深圳投资管理公司和广东省电力局，一共占股29%，剩余的35%有待于国外投标。它从澳大利亚、印度尼西亚、马来西亚和卡塔尔以及像BP/美国石油公司、壳牌、美孚和安然等跨国公司的竞标中获得大

---

[1] Keith Bradsher, "China Takes On Big Risks in Its Push for Shale Gas", *New York Times*, April 11, 2014.

[2] This and China's other LNG receiving terminals are described in Lin Wensheng, Zhang Na, and Gu Anzhong, "LNG (liquefied natural gas): a necessary part in China's future energy infrastructure", Energy 35 (2010), pp. 4383–4391、4384.

量利益。①

深圳液化石油气项目导致中国沿岸地区产生了大量其他液化石油气终端。下面的图表进行了简单的描述。

中国液化石油气油库建设情况

省份	城市	容量（百万吨/年）	所属公司	运营时间	状态
辽宁	大连	3.5	中国石油	2011 年	全面可行性研究
河北	唐山	3.5	中国石油	2012 年	全面可行性研究
天津	天津港		中国石化		预可行性研究
山东	青岛	3.3	中国石化	2010 年之后	全面可行性研究
江苏	如东	3	中国石油	2011 年	全面可行性研究
上海	燕山港	3	申能集团　中国海油	2009 年	（正在）修建中
浙江	宁波	3	中国海油	2010 年之后	全面可行性研究
福建	莆田	2.6	中国海油	2008 年	主体完工
广东	深圳	3.7	中国海油　英国石油	2006 年	已建成
广东	珠海	3.4	广东粤电　中国海油	2012 年	全面可行性研究
广西	北海		中国石油		没有进展
海南	文昌		中国海油		没有进展

毫无疑问中国需要进口更多的液化石油气。中国政府的监管部门很可能继续青睐于中国能源公司（如果不是只有国企的话）来掌握液化石油气的控股和运作。

迄今为止，中国主要是从亚太地区进口液化石油气，澳大利亚、马来西亚和印度尼西亚成为主要供应来源。在亚太之外，卡塔尔、尼日利亚和也门也向中国出售液化石油气。

---

① James Kynge, "China approves first gas import project", *Financial Times*, January 13, 2000, p. 10. Archived in Proquest.

五、需进一步研究的问题

上述内容只是北京大学查道炯教授和弗里德约夫·南森研究所（FNI）列夫·伦德所长的协作政策研究项目"中国天然气的未来：对中国和世界的影响"的开端。我们旨在解决下面的相关问题：

为什么对于中国、挪威和世界其他国家来说天然气如此重要：能源安全、经济发展、环境、气候变化和北极能源的未来。

中国天然气的历史——为什么天然气没能在中国能源结构中与更脏的煤炭进行更有效的竞争？

在中国能源结构中，增加天然气份额——包括天然气和页岩气——的国内条件、驱动力和约束条件是什么？

中国促进和约束进口液化天然气的条件和政策是什么？

管道燃气进口（从中亚国家、俄罗斯和缅甸）与液化天然气气进口（从亚洲/大洋洲、美洲、俄罗斯和北极）如何取舍？中国未来从这两种途径增加燃气进口的潜力和障碍是什么？或者从途经北极进口液化石油气未来的中期和长期前景是什么？

加拿大西北航道与俄罗斯北方海航道管理的对比研究

邹磊磊　黄硕琳*

一、引言

　　北极航道通航已经不再遥远。除了北极中央航道需穿越经年海冰覆盖的北冰洋中心区域而被预测为最后开通和利用外，西北航道与北方海航道的商业通航已经被提上议程。作为这两条北极航道（以下"北极航道"泛指"西北航道"和/或"北方海航道"）的实际管理者，加拿大和俄罗斯在航道管理方面拥有诸多的可比性，原因在于两国在实施北极航道管理中所面临的挑战与机遇大致相同：加俄两国都是北极大国，拥有在北极地区最长的海岸线，地缘优势明显；北极地区的发展、北极航道的通航对两国的政治、社会、经济、军事等都具有重要意义和影响；现阶段，加俄两国是北极航道的实际管理者，也是北极各国中仅有的制定国内法实施北极航道管理的国家；国际社会对两国的北极航道主权诉求均存在争

　　* 邹磊磊，副教授，主要从事极地战略及渔业环境保护与治理方面的研究；黄硕琳，教授，主要从事海洋政策与法律方面的研究。本文得到上海地方高校大文科研究生学术新人培育计划（B－5201－12－0008）及"南北极环境综合考察与评估专项"之"极地法律体系研究"科研项目赞助。

议。但是，加俄两国在北极航道管理方面又各具特色，对比研究可以揭示两国北极航道管理措施所带有的政治、社会、经济甚至意识形态领域的烙印。本文以加俄两国的北极航道管理实践对比为视角，深入分析两国航道的主权诉求、经济利益诉求的差异性，对北极航道通航前景的不同态度，军事战略及环境保护视角下的北极航道管理举措的不同。加俄两国北极航道管理实践的对比研究，旨在使国际社会更好应对北极航道全面通航的未来局面。

二、西北航道与北方海航道的现实状况

在对西北航道与北方海航道管理实践进行对比研究之前，有必要了解这两条北极航道的通航条件、通航意义以及通航现状等，以更深入了解西北航道与北方海航道未来通航对国际社会的重要影响。

（一）简况

西北航道东起北大西洋戴维斯海峡巴芬岛，向西穿越加拿大北极群岛，沿阿拉斯加北部离岸海域，经白令海峡，最终进入太平洋。西北航道一旦通航，将会替代传统的"远东—北美航线"。而该传统航线横渡北太平洋，经过巴拿马运河，是太平洋货运量最大的航线之一，但航程较长。西北航道通航不仅提供快捷的航行路线，而且分流了超负荷的巴拿马运河的运输量。

北方海航道始于俄罗斯西端的新地群岛，向东经俄罗斯北冰洋沿岸海域，至白令海峡。北方海航道经过的几乎都是俄罗斯控制的海域。北方海航道实现全面商业通航后，将会替代远东—西北欧的苏伊士运河航线，而该传统航线运货量大，海盗猖獗。

总体而言，比起传统航线中关键的巴拿马运河与苏伊士运河，西北航道与北方海航道有一些共性的优势：航程缩短带来的经济利益、对大型运输船只的包容性、避免传统航线超负荷运载量的压力等。① 因此，西北航道与北方海航道通航将改变世界海运布局，有潜力带动依托这两条北极航道的海上通道沿岸国家与地区的经济与产业发展，并且以北极为中心地带的欧亚美之间依托海运开展的贸易往来将更频繁。相比较而言，国际社会更多关注北方海航道的通航前景，原因之一是可以避开政治安全环境脆弱的苏伊士运河，另外一个重要原因是北方海航道的通航会缩短传统航线几乎25%—55%的航程，比起缩短传统航程20%左右的西北航道，北方海航道所带来的商业价值潜力似乎更大。②

中国作为"近北极国家"③，北极航道通航对中国而言意义深远。据中国极地研究中心张侠分析，北极航道开通将带动中国沿海地区产业布局及经济发展模式的改变，特别是长江三角洲及渤海湾港口群的辐射地区将迎来新的发展契机，对于东接朝鲜、北临俄罗斯的中国东北地区更是有望复制其他传统沿海发达地区的发展。④

北极航道通航所带来的利好让国际社会瞩目。但是，不可否认，北极恶劣的自然环境对航行船只、通航季节、航行成本、航行人员技术等都提出了更高要求，一定程度上抵消了北极航道的优势。

---

① 王宇强、寿建敏："北极东北航道通航对中国航运业的影响"，《国际商贸》2012年第10期。
② 张侠、屠景芳、郭培清等："北极航线的海运经济潜力评估及其对我国经济发展的战略意义"，《中国软科学增刊》（下），2009年，第S2期。
③ 陆俊元：《北极地缘政治与中国应对》，时事出版社，2010年版。
④ 张侠、屠景芳、郭培清等："北极航线的海运经济潜力评估及其对我国经济发展的战略意义"，《中国软科学增刊》（下），2009年，第S2期。

（二） 商业通航状况

北极航道作为连接亚美与亚欧的交通新干线的雏形已经显现。2009年夏季，德国的两艘商船成为首次通过北方海航道的外国船只，且这两艘货船均非破冰船，一定程度上宣告了一条适用航行的新国际航道的诞生。据不完全统计，2011年夏季，通过北方航道的商船有30多艘；2012年夏季增加1倍，达到60多艘；航行时间跨度已从过去的每年两三个月延长到5个月（7月中旬到12月上旬）。2012年12月6日，一艘商船从挪威的哈默菲斯特港出发，穿过北方海航道抵达日本的横滨港，成为当年最晚一艘通过北极航道的运载船只。而据加拿大广播公司网站新闻（2008年报道），2008年9月一艘加拿大商船在没有破冰船领航的情况下，经西北航道完成从蒙特利尔到努奴瓦特西部地区的航行，加拿大海岸警卫队评价其为"西北航道第一次商业通航"[①]。现阶段，相比较北方航道，西北航道尚未出现规模化的商业通航，且加拿大政府疏于航道疏浚，有些海峡可能还无法适应船舶航行，但随着北冰洋海冰融化、航道设施的改善等，西北航道的国际商业通航也仅是时间问题。

三、北极航道管理视角下的加俄对比研究

通过对比研究加俄北极航道的管理举措，可以洞悉两国对待航道主权诉求、航道经济利益潜能、航道通航前景等方面的态度异同

---

① CBC, online: http://www.cbc.ca/news/canada/north/story/2008/11/28/nwest-vessel.html/

点。北极航道管理的举措折射出加俄两国各具特色的航道政策现状及趋势。

（一）北极航道主权诉求

俄罗斯是北极地区面积最大、北冰洋海岸线最长的国家，北极利益对其国家利益之重要显而易见，且俄罗斯在政治上一贯的强势姿态，使其在北极事务尤其是在涉及主权等重要问题上，采取比较强硬的态度。就北方海航道主权诉求，俄罗斯的强硬态度从以下方面可见一斑。

用强大的军事力量捍卫其北极权益是俄罗斯的一贯态度。随着俄罗斯经济慢慢复原，其在北极的军事建设也越发落到实处。俄罗斯总统普京在 2013 年 12 月对国防部作出指示，要求增强俄罗斯的北极军事存在，以维护国家利益和安全。为了向国际社会传达其在北极事务上的强硬立场，俄罗斯不间断地进行北极军事演习，通过加强硬件和软件建设确保北极的军事安全，以此向外界传达：俄罗斯为北极地区的主权和国家利益将不惜动用包括军事在内的一切力量进行捍卫。

出于对北方海航道的完全控制与管理，俄罗斯甚至不惜超越国际法规定。比如，在 2013 年发布《北方海航道水域航行规则》（Rules of Navigation in the Northern Sea Route Water Area）（该法律界定北方海航道水域范围与俄罗斯北冰洋内水、领海、专属经济区水域范围一致）[1] 之前，俄罗斯单方面宣布其北极相关国内法适用于 200 海里之外的包括北极公海在内的广阔领域，[2][3] 这意味着即使航行在毗邻俄罗斯专属经济区的公海海域的外国船只，也必须受

---

[1] Rules of Navigation in the Northern Sea Route Water Area, Russia, 2013.
[2] 《经济专属区保护法（中译本）》，俄罗斯，1984 年。
[3] 《环境法（中译本）》，俄罗斯，1984 年。

俄罗斯国内法的约束。然而，国际社会却认为，虽然北方海航道经过的几乎都是俄罗斯控制的海域，但部分航道却经过公海。① 即便如此，1960 年苏联公布的《边疆法》② 就宣称对北极海域的"历史性权利"；俄罗斯政府发表的重要北极战略文件《2020 年前俄罗斯联邦北极地区国家政策原则及远景规划》也宣称，任何试图改变北方海航道主权性质的行为都被看作是对俄罗斯国家主权的威胁和挑战。③ 俄罗斯对北方海航道的强硬主权态度不胜枚举：为对抗国际社会提出的北方海航道过境通行或无害通过诉求，俄罗斯单方面通过国内立法，对欲通行北方海航道的外国船只执行严格的"强制性报告"制度，④ 并且，即使在并不需要破冰及领航服务的情况下，外国船只也必须强制性接受这些服务，并支付费用；⑤⑥俄罗斯单方面通过国内立法确立了北极污染物名单，⑦⑧ 范围超过国际通用名单，被诟病为"超越国际标准"；杜绝外国公务船只的豁免权制度，⑨ 违反《联合国海洋法公约》规定。如此种种单边主义做法，无不体现出俄罗斯对北方海航道主权控制的强硬态度。

然而，与俄罗斯依仗其雄厚军事实力、强硬政治立场宣布北方海航道主权不同，加拿大在北极事务上的表现却"温文尔雅"。虽然也是北极的重要国家，但加拿大却更注重通过环境保护、促进北极地区社会经济发展等方式来显示其在北极地区的重要地位。近年

---

① J. A. Roach & R. Smith, *United States Responses to Excessive Maritime Claims*, Springer, 2rd ed, 1996, 202, 16.

② 《边疆法（中译本）》，俄罗斯，1960 年。

③ 《2020 年前俄罗斯联邦北极地区国家政策原则及远景规划（中译本）》。

④ Regulations for Navigation on the Seaways of the Northern Sea Route, Russia, 1991.

⑤ 《海峡法令（中译本）》，俄罗斯，1985 年。

⑥ 《俄罗斯联邦内水、领海和毗连区法（中译本）》，俄罗斯，1998 年。

⑦ 《环保法（中译本）》，俄罗斯，1985 年。

⑧ 《经济区法（中译本）》，俄罗斯，1998 年。

⑨ Chircop A., Bunik I., McConnell M., & Svendsen K., "Comparative Perspectives on the Governance of Navigation and Shipping in Canadian and Russian Arctic Waters", *Ocean Yearbook*, Vol 28, 2014.

来，虽然加拿大诉求北极航道主权的态度越来越明朗，举措越来越落到实处，但鉴于其政治、经济、军事等现实状况，加拿大更趋向于在国际法框架内寻求具有一定弹性的主权诉求。[①]

1969 年美国"曼哈顿"号油轮在不知会加拿大政府的情况下穿越西北航道，无视加拿大政府关于"西北航道属于加拿大内水"的立场。在航道主权受到挑战的形势下，加拿大政府于 1970 年出台《北极水域污染防治法》（Arctic Waters Pollution Prevention Act：简称 AWPPA），以"保护环境"的名义加强对西北航道的管理。并且为了让该污染防治法能被国际社会以习惯法所接受，加拿大政府通过外交努力，成功地把污染防治法中的理念体现在《联合国海洋法公约》第 234 条"冰封区域"条款中。凭借其策略性的单边主义，加拿大政府用迂回曲折的方式，在国际法框架内诉求西北航道主权。

加俄两国对北极航道的主权诉求所采取的方式本质上具有相同点，即单边主义明显，但是表现的方式却不尽相同。然而，在国际和平、和谐的大形势下，加强与北极及非北极国家之间的国际合作，并积极开展与北极理事会、国际海事组织、联合国等国际组织的沟通与合作，用民主协调、有效沟通的方式解决争议问题，这才是加俄两国所应采取的合作态度，以此摆脱各自的单边主义倾向，这也符合国际和平所向。

（二）北极航道的经济利益及主权诉求之权衡

在面临主权争议的同时，加俄两国也深谙北极航道通航潜在的经济利益。鉴于国际社会对北极航道"过境通行"或"无害通过"

---

① 邹磊磊、付玉："加拿大西北航道管理及主权诉求中的有利因素及制约因素"，《太平洋学报》，22 卷，2014 年第 2 期。

的强烈要求，以及国际法在解决航道主权问题上的"模棱两可"及"无能为力"，主权事宜短期内很难"尘埃落定"。在这样的形势下，加俄两国在北极航道管理举措方面的动向，可以表明两国不同的航道政策趋向。

对俄罗斯而言，航道主权似乎更是其强大军事装备、强硬政治作风下的"囊中之物"，其更急于要实现的是航道通航的丰厚经济利益潜能。苏联时代，由于自然条件所限，北方海航道的开通从未被提上议事日程，航道的经济潜能更未被认识。但是，随着北方海航道通航的前景越来越明朗，普京政府期间俄罗斯的政治自信不断上升，俄罗斯积极推动该航道的国际通航，并把其作为经济复苏的战略之一。北方海航道的开通不仅可以促进俄罗斯远东地区的发展，也能使该地区从东北亚蓬勃发展的势态中汲取活力。俄罗斯的北方海航道"经济导向性"从其"强制性收费"制度中可见一斑。1991 年《北方海航道海路航行规则》（Regulations for Navigation on the Seaways of the Northern Sea Route）规定，任何航行于北方海航道的船只，无论是在专属经济区还是内水区域，都必须接受其破冰及领航服务，[①] 不管现实状况是否真的需要此类服务，且需缴纳俗称"破冰费"的航道使用费，费用高昂，且仅针对外国船只。俄罗斯政府过于注重航道对本国的经济贡献，引起了国际社会普遍的反感与抵触。

在经济利益及主权诉求两者之间，俄罗斯更急于实现北方海航道发展所带来的经济利益，而加拿大似乎更关注其主权诉求，这可能与两国不同的政治环境有关：美国是"北极航道适用于过境通行"论断的坚定拥护者，更是该论断拥护者集团中的"领头羊"；美俄两国"政治对立"由来已久，"对抗"是两国关系的主旋律；而加拿大的政治、经济地位决定了其与"近邻"美国之

---

① Regulations for Navigation on the Seaways of the Northern Sea Route, Russia, 1991.

间的盟友关系，美国在加拿大西北航道主权问题上的反对立场不得不引起加拿大的高度重视，主权诉求成为其实施西北航道管理的终极目标之一。1970 年颁布的《北极水域污染防治法》是加拿大防治北极海域污染的重要国内立法，且该法律的重要性还体现在其"环境保护"名义下实施的严格航道管理所要实现的航道主权诉求。而与俄罗斯执行"强制性报告"制度不同，加拿大在2010 年之前对通过西北航道的外国船只仅实行"自愿登记"制度，2010 年《北加拿大船舶航行服务区规章》（Northern Canada Vessel Traffic Services Zone Regulations）才开始明确"强制性报告"制度。① "强制性报告"制度的确立反映了加拿大对航道主权的明朗态度，也表明了其对航道主权的重视程度。根据加拿大《海洋法》（Ocean Act），加拿大对北极海域航行船只收取的费用仅涉及接受服务后的事实费用，不包括对受困船只提供的搜救服务费用。② 由此可见，"强制性报告"是加俄两国的共性之处，但"强制性收费"却是俄罗斯的特色制度。但两国的"强制性报告"制度也有显著区别：加拿大采取的是"申请即通行"的友好合作态度，至今未有报告后未获通行许可的先例，而根据北方海航道管理局发布的数据，到 2013 年 9 月末，俄罗斯已经拒绝了70 余次的通行申请，③ 这也说明，加拿大的"强制性报告"制度仅是宣布主权的方式，并不具有非常重要的航道管理意义；而俄罗斯则强硬地以"主权所有者"的身份对航道执行着事实管理，主权问题似乎不是困扰其的最首要问题，当务之急是实现航道的经济潜力。

---

① Northern Canada Vessel Traffic Services Zone Regulations, Canada, 2010.

② Ocean Act, Canada, 1995.

③ NSR Administration, online: http://www.nsra.ru/ru/otkazu/, Russia, 2009.

（三） 加俄视角下的北极航道通航前景

近年来，加拿大与俄罗斯分别制定了针对北极的国家战略。从其国家战略中对北极航道的描述，可探究两国对北极航道通航前景的态度及政策趋向。

2009 年，加拿大发布《加拿大北方地区战略》，[①] 该战略文件评述"西北航道在不久的将来很难成为安全可靠的运输航道"，也即对西北航道的开通抱着谨慎、悲观的态度，虽然也承认西北航道的开通对社会与经济发展、世界航运贸易有促进作用，但认为现阶段通航尚不具备条件。然而，2008 年俄罗斯出台《2020 年前俄罗斯联邦北极地区国家政策原则及远景规划》，[②] 再次强调北极地区航海交通对本国的重要性，也表明大力发展航道基础设施建设的决心，显示其对北方海航道开通的信心。甚至，普京总统在 2013 年公开宣称，要把北方海航道建设成"与传统的苏伊士运河、巴拿马运河等重要航线相比具有竞争力的一条世界航线"。相比较而言，在政府层面，俄罗斯对待北方海航道的态度更积极和主动，加拿大则趋于保守和谨慎。

1. 俄罗斯推动北方海航道商业通航的积极举措

"经济导向性"意识形态下的北方海航道的"强制性收费"制度，使俄罗斯被国际社会所诟病，为了切实推动北方海航道迅速成长为"具有竞争力的世界航线"，俄罗斯强硬的"强制性收费"政策正在松动。[③] 根据 2013 年《关于北方海航道水域商业航运的俄罗斯联邦特别法修正案》（The Russian Federation Federal Law on A-

---

[①] Canada's Northern Strategy：Our North, Our Heritage, Our Future, Canada, 2009.

[②] 《2020 年前俄罗斯联邦北极地区国家政策原则及远景规划（中译本）》。

[③] 张侠、屠景芳、钱宗旗等：《从破冰船强制领航到许可证制度——俄罗斯北方海航道法律新变化分析》，《极地研究》，26 卷，2014 年第 2 期。

mendments to Specific Legislative Acts of the Russian Federation Related to Governmental Regulation of Merchant Shipping in the Water Area of the Northern Sea Route)①，俄罗斯重新制定了 2013 年《北方海航道水域航行规则》②，以替代推行"强制性收费"制度的 1991 年《北方海航道海路航行规则》③。2013 年航行规则中明确规定了船舶独立航行的具体条件，也即在满足船舶冰级、冰情、季节等条件的前提下，船舶可以不需强制性接受破冰及领航服务，因而"强制性收费"的说辞现今可以修正为"选择性地强制性收费"，也让国际社会看到俄罗斯似乎正从咄咄逼人的"经济导向性"态度转变为开放合作的态度。

随着北极航道通航的前景越来越明朗，俄罗斯也非常关注改善航道的软硬件设施，以满足北极商业航运所需要的港口、导航、安全、通信、搜救等服务，以使北方海航道具有切实的能力承担"世界航线"的重任。俄罗斯的北极战略文件《2020 年前及更长期的俄罗斯联邦北极地区国家政策基本原则》就明确显示了其加强北极基础设施建设的决心。④ 俄罗斯中央政府主宰北极事务的一切动向，作为强权政府其"决心"更容易实践到行动中去。而且，"经济导向性"的北方海航道政策必须保证航道相应配套服务的改进。另外，俄罗斯作为传统的航海强国，拥有强大的航海舰队及航海人力资源，且由于俄罗斯北极航道历来与其国内航运网络休戚相关，现有的北极地区港口运营等服务要优于加拿大，通过改造及新建，未来能较快满足北方海商业通航的配套服务需求。

---

① The Russian Federation Federal Law on Amendments to Specific Legislative Acts of the Russian Federation Related to Governmental Regulation of Merchant Shipping in the Water Area of the Northern Sea Route, Russia, 2013.

② Rules of Navigation in the Northern Sea Route Water Area, Russia, 2013.

③ Regulations for Navigation on the Seaways of the Northern Sea Route, Russia, 1991.

④ 《2020 年前俄罗斯联邦北极地区国家政策原则及远景规划（中译本）》。

2. 加拿大推动西北航道商业通航的不力举措

基于 2009 年《加拿大北方地区战略》对西北航道通航的悲观、谨慎态度，以及迄今为止西北航道并未出现规模化的商业航行，加拿大显然未"准备就绪"迎接西北航道的全面商业通航。虽然，2008 年《加拿大第一防御策略》中提及其政府雄心勃勃的北极基础设施建设计划，包括建设深水港、破冰巡逻船、巡逻飞机等，[①] 2009 年发布的《加拿大北方地区战略》则重申了《加拿大第一防御策略》所强调的设施建设的重要性，[②] 但是，加拿大在配套服务设施建设上面临的最大问题是"有计划没行动"，其北极战略文件显示的"北极存在"的决心仅止于政府的"作秀"，后续的实际活动并未兑现其承诺。与俄罗斯中央政府权力相对集中不同，加拿大政府把北极地区治理几乎全权下放给地方政府，现阶段航道软硬件服务设施的改进很难落到实处，成为未来西北航道商业通航的软肋。

（四）军事战略视角下的加俄航道管理举措

北极航道的经济战略作用毋庸置疑，但是，北极航道也同样事关加俄两国的政治与军事安全，其战略价值越发凸显。冷战及冷战之后，北极地区是以美俄为代表的东西方阵营军事对抗的最前沿阵地，北极由来已久的军事化状态以及军事战略意义在一定程度上加剧了航道主权的争议及管理的严格程度。

美俄两大阵营的对抗是事关国际和平的重大事件。虽然现处和平年代，但俄罗斯从未在国家安全方面掉以轻心。美国至今未签署《联合国海洋法公约》，一个重要原因是该公约可能影响其强国政

[①] Canada First Defense Strategy, Canada, 2008.

[②] NSR Administration, online: http://www.nsra.ru/ru/otkazu/, Russia, 2009.

策下的"纵横四海"之野心。俄罗斯北方海航道海域是美俄军事对抗的最前沿阵地,俄罗斯对航道主权的强硬态度,一定程度上是戒备其"北极邻居"美国在其"家门口"的"肆意而为"。所以,俄罗斯通过国内法严格执行国外船只通行北方海航道的"强制性报告"制度,且杜绝国外公务船只的外交豁免权,无论是学术界、政界还是法律界,几乎统一宣称北方海航道海域是其内水、领海和专属经济区性质。政治及军事安全是俄罗斯执行苛刻的北方海航道政策的一个重要根源。

而对加拿大而言,依靠国力强于自身的美国以维持国家政治及军事安全实属"无奈之举"。在世界和平时期,加拿大才能"心有余"而关注航道主权事宜,但又仅能小心翼翼地维持在一定主权诉求强度内,以协调与美国之间敏感的权益平衡。这也是加拿大习惯以"环境保护"之名加强其主权诉求的一大原因。所以,对俄罗斯来说,在强硬宣称航道主权之余,还能致力于北极航道的利益实现;而加拿大则穷于应付最大困扰的主权问题,其利益诉求相对居于其次。

(五) 环境保护视角下的加俄北极航道管理

《联合国海洋法公约》第234条"冰封区域"条款,以保护专属经济区冰封区域脆弱环境及生态系统为初衷,赋予沿海国特别的权力制定国内法以"防治、减少和控制船只在专属经济区范围内冰封区域对海洋的污染"[1]。一般而言,沿海国的国内法比一般通用的国际法执行标准更严格,这从加拿大1970年《北极水域污染防治法》和国际海事组织《防止船舶污染国际公约》的各项规则对比中可见一斑。《北极水域污染防治法》规定,西北航道航行油

---

[1] UNCLOS, Article 234, United Nations, 1982.

轮必须是油污水零排放，且不允许倾倒垃圾。① 而《防止船舶污染国际公约》（MARPOL）附件 1 允许船舶在油污水最高限值内排放，且该国际公约附件 5 虽禁止倾倒塑料垃圾，但允许在离陆地25 海里以外倾倒包装类垃圾，12 海里以外倾倒废纸、玻璃、破布和金属垃圾。② 很显然，加拿大国内立法比国际海事组织制定的国际标准还要高。鉴于加拿大在北极航道海域严格的环境保护措施及法律保障方面的良好实践，1991 年国际海事组织甚至任命加拿大率领技术工作小组负责起草极区水域船舶航行特别规则，为《北极航行指南》（Guidelines for Ships Operating in Arctic Ice-covered Waters）的制定做充分准备。③

　　反观俄罗斯北极海域环境保护的相关措施及法律，虽然控制海洋污染也是其北极相关政策的主旋律之一，但是，俄罗斯在海洋污染处理方面无处不在的"损害赔偿"机制，似乎"淹没"了其在海洋防治污染方面的努力。2013 年《北方海航道水域航行规则》第 61 条虽然没有给出具体的数据标准，但也明确指出，通行于北方海航道的船舶必须装备足够体积的油箱，以收集在北方海航道航行过程中产生的残油，装备足够体积的储存箱以收集垃圾（污泥），装备足够的燃油及淡水以避免补给，甚至对压载舱也有规定。④ 但充斥于俄罗斯北极相关法律中关于环境污染的"损害赔偿"制度，以及其强势的"强制性收费"制度甚至使国际社会认为，俄罗斯在经济利益及环境保护方面采取着"此起彼消"的态度，为了谋求北极航道的商业通航以实现其经济最大效益，航道环境的准入标准似乎并不是俄罗斯的首要关注点。

　　① AWPPA, Arctic Waters Pollution Prevention Act, Canada, 1970.

　　② MARPOL, The International Convention for the Prevention of Pollution From Ships, IMO, 1973/78.

　　③ 郭培清等：《北极航道的国际问题研究》，海洋出版社，2009 年版。

　　④ Rules of Navigation in the Northern Sea Route Water Area, Russia, 2013.

加拿大西北航道与俄罗斯北方海航道管理的对比研究

三、总结

加俄两国虽然均诉求北极航道主权，但其诉求表达方式不同。俄罗斯注重北方海航道的经济潜能，对未来航道通航充满信心，并在管理举措上积极推动其发展成世界重要航海通道。然而，加拿大由于社会现实，更注重西北航道主权诉求，且其对航道通航的谨慎态度，使其在航道基础设施建设方面举措不力。另外，两国在政治军事安全重要性及环境保护视角下的北极航道管理举措也各具国家特色。因此，对比研究两国的北极航道管理举措，可以深刻揭示两国的航道政策现状及趋势，有助于国际社会更好地应对未来通航机遇。

随着全球一体化进程不断加快，国际社会呼吁，在北极航道管理上相关国家应遵循统一的国际法制度，制定相对统一的国内航海法规与政策，最大限度地保证用共同的标准执行相关的国际法①。借助国际组织在外交、制定与协调国际统一标准方面的优势，加强与之沟通合作，是规范北极航道管理的办法之一。可喜的是，国际海事组织根据极地特殊性所制定的《极地准则》（Polar Code）在2014年11月21日正式公布并执行。该准则对极地海域航行给予综合性的指导，且不同于2002年的《北极航行指南》，② 该准则将成为强制性的极地航行执行标准。为了使北极航行管理条例具有可操作性，且为国际社会广泛认可，并在真正意义上保护北极环境，相关国家执行统一的国际航行管理标准以规范航道管理，是国际社会所期盼的。

---

① 刘惠荣、杨帆："国际法视野下的北极环境法律问题研究"，《中国海洋大学学报（社会科学版）》，2009年第3期。

② Guidelines for Ships Operating in Arctic Ice-covered Waters, IMO, 2002.

随着对北极航道的关注从航道的可利用性逐步转向航道利用中的各种技术要求，以及航行引发的人类活动对北极海洋环境的影响，关于海洋环境保护、航海安全的科学技术创新及相关法律制度的完善，将成为重中之重。

由于北极地缘政治及社会经济方面的相似性，加拿大是北极地区唯一和俄罗斯建立战略合作关系的国家。但迄今为止，两国之间的战略合作关系仅止于北极理事会合作框架下的区域性合作，以及国际海事组织协调下共同参与制定《极地准则》的国际性合作。鉴于两国在北极航道管理方面的诸多可比性，未来两国之间的合作与借鉴可以在各个层面、各个领域开展，毕竟两国在航道主权诉求、北极海域环境保护、北极航道软硬件设施建设、北极地区经济和社会发展、北极相关国内法的制定与发展等方面，拥有很多的可比性。

作为"近北极国家"[1] 以及重要的北极航道潜在使用者，中国非常重视北极航道通航给中国对外贸易运输带来的利好，但也深刻意识到加俄两国各具特色的航道管理对未来北极通航所带来的争议及限制。比如，中国"雪龙"号在第五次北极考察去程经过北方海航道时，就被"强制接受"俄破冰船的领航服务并交纳费用。由于北极存在主权争议，北极国家无一例外地要求他国在承认其相关主权的前提下开展各类北极合作，中国必须明确表示，北极国家须通过内部协商解决北极主权争议，中国政府尊重北极国家协商后的主权归属，但同时中国也享有国际法所赋予的相关北极权益。

---

[1] 陆俊元：《北极地缘政治与中国应对》，时事出版社，2010 年版。

北冰洋的治理及其所有权

——生物资源和大陆架

里奥尔德·维格[*]

译者　于宏源　校译者　杨　立

前　言

　　《联合国海洋法公约》为北冰洋提供了基本的法律框架。在该法律框架下，重要的政治进程凸显了出来，尤其是对沿海各国大陆架延伸的划界，以及对海洋生物资源的监管而言。这是北极国家以及其他如中国、日本和欧盟等利益相关者有着重大利益的区域。对划定和调控超过大陆架 200 海里的北极海洋生物资源的努力，体现了包括国际法律和科学研究的政治进程发挥的作用，创造了一复杂全面的整体，值得进一步研究。

　　[*]　里奥尔德·维格（Njord Wegge），挪威弗里德约夫·南森研究所研究员。

一、研究的问题、方法和文章结构

本文旨在探讨以北冰洋为案例下法律、科学和政治之间的相互作用。通过调查两个例子——大陆架延伸的划分和在北极公海建立一个管理海洋生物资源的制度，笔者将探讨所有权与经营权的问题是如何解决的。当然，笔者会问"政治是否发挥作用"？换句话说，两种情况下的初步结果可以仅仅通过科学、技术管理和严格的解释国际法得到解释，还是包括电力资源、地理、谈判或政治商业化等问题也在起作用呢？最后笔者会问到，北冰洋区域中活跃的政治因素对亚洲国家将有何影响？

笔者将以简单调查有关这两个进程的主要法律框架作为开端。这包括《联合国海洋法公约》中的基本规定，同时也包括后来补充的立法，如联合国《1995 年鱼类种群协定》。笔者的这些经验数据的主要根据是北极和非北极国家的正式文件，另外还将从正式会议的协议里获得。笔者也从与政府代表和非政府组织以及其他专家的访谈中获取洞察力和能力。最后，笔者的分析将建立在第二手材料，如期刊文章和相关调查的问题以及记者的工作之上。

二、基本的法律框架

《联合国海洋法公约》是有关北冰洋的主要法律框架。《联合国海洋法公约》适用于全球范围内，虽然某些圈子里有关于在北极地区是否需要"特殊的法律制度"的争论，但普遍的看法是，《联合国海洋法公约》为北冰洋提供了充分的法律框架。这一观点已经通过由包括丹麦、格陵兰、挪威、俄罗斯、美国和加拿大在内的北冰洋沿岸国家于 2008 年签署的《伊卢利萨特宣言》得到验证。

《联合国海洋法公约》确保了北极各国的 12 海里领海。在这一区域内，沿海国拥有广泛的包括对渔业和海底资源监管的绝对权利。在离海岸线 12—200 海里，沿海国拥有更少的权利，但仍有权管辖该区域。该区域的沿海国家也拥有大陆架海底资源并建立专属经济区（EEZ）的权利，其中沿海国拥有管辖海洋生物资源的权利。[①] 依据《联合国海洋法公约》第 76 条的规定，沿岸国家有权扩展到超过 200 海里的大陆架。同时，沿岸国家对扩展大陆架水体内的生物资源并没有专属权利，因为超过 200 海里的水域具有公海和国际水域的地位。

如果沿海国家有权管辖超过其大陆架 200 海里的海域，它将获得开发该海域资源的权利。与此同时，特殊的规则还适用于对延伸的大陆架中资源的开发需要向国际海底管理局（ISA）进行纳税。纳税额将是最初由每年国内生产总值的 1%，到第 6 个年头的 7%，以 1% 的速度增长持续到第 12 年，此后基本维持在 7%。超出了大陆架延伸的海床被称为"特定区域"。该区域的资源是人类的共同遗产，由 ISA 即《联合国海洋法公约》设立的政府间组织进行管理。

由于生物体在不同国家的专属经济区，以及专属经济区和公海之间随意来回移动，《联合国海洋法公约》本身对海上迁移物种而言是不够的。由于没有沿海国拥有对 200 海里以外生物资源的所有权，需要在多个国家的专属经济区和公海内对生物存量进行设定已得到公认。同样，"搭便车"的问题也得到了承认，如果一些沿海国家对其专属经济区内的鱼类种群加以严格的规定，而所有其他国家可以在 200 海里外捕捞，《联合国海洋法公约》被证明是一个不

---

① M. Byers, *International Law and the Arctic*, Cambridge, Cambridge Univ. Press, 2013, p. 6.

能满足管理公海渔业的法律制度。

最重要的调控措施，特别是针对洄游性鱼类的当属《1995年鱼类种群协定》。该协定是《联合国海洋法公约》的一部分，但直到2001年12月11日该协定才得到生效。该协定"列明的跨界和高度洄游鱼规定，这种管理必须立足于预防措施和现有的最佳科学信息。该协定还提出了各国进行合作的基本原则，以保护和促进经济专属区内部和外部的渔业资源的最佳利用目标。《联合国海洋法公约》和《1995年鱼类种群协定》也提供了建立区域渔业管理组织的基础，得以对该公海进行渔业管理。区域渔业管理组织应当向所有相关渔业国开放。

三、经验调查

（一）案例一：大陆架的界定

对北冰洋区域大陆架的外部划定正在有条不紊地进行。另外，北极五国之间的大陆架的划界进程已经开始。如上所述，《联合国海洋法公约》允许所有沿海国家拥有200海里的大陆架。根据公约第76章，除沿海国的200海里外，这些国家还能要求扩展大陆架，只要这个区域被看作是该国大陆架的自然延长。若要主张对延伸大陆架的所有权，沿海国必须提交它们的要求，且需立足于海底的地形和地质科学调查，包括沉积物的厚度。在批准通过《联合国海洋法公约》后的10年内，该要求将被提交联合国大陆架界限委员会（CLCS）。沿海国家间在有些大陆架地区可能会有重叠主张，所涉及的国家需要由各国自行商定，因为这超出了大陆架界限委员会的职权范围。

挪威为主张延伸大陆架提交了科学文献，并且它是第一个获得大陆架界限委员会批准的北极国家，这些主张是最终的且有约束力的。

美国是北极五国之一，但其目前还没有批准通过《联合国海洋法公约》，因此无权向大陆架界限委员会提交其主张。

2001 年 12 月，俄罗斯向大陆架界限委员会提交了申请。其主张包括 Lomososov、Medeleev 以及北极的大部分。然而，大陆架界限委员会退回了其申请并要求俄提供更多的科学证据支持其主张，俄罗斯最近几年继续在延长的大陆架进行科学考察。根据最近的报道，俄改善后的文件将在 2015 年春季提交给大陆架界限委员会。

丹麦在 2004 年 11 月 16 日批准了《联合国海洋法公约》，在 2014 年的同一时期前丹麦有权提交其扩展大陆架的要求。丹麦的主张将包括北极在内，有多个观察员预计丹麦已取得较强的科学证据来支持其主张。

加拿大于 2003 年 12 月批准通过了《联合国海洋法公约》，将在 2013 年 12 月提交在北冰洋扩展大陆架的主张。尽管如此，根据加拿大媒体的几份报道以及由作者进行的访谈，加拿大科学家最初的主张不包括北极，因此没有得到总理斯蒂芬·哈珀的同意。为了履行批准条约后 10 年的期限，加拿大只提交了关于在北冰洋大陆架外部界限唯一的"初步信息"。根据各缔约国第 18 次会议通过的第 SPLOS/183 号决定，第四章中的附属条款二，符合公约的内容。

到目前为止，尽管公约没有明确禁止发达国家利用这个机会，仅提交"初步信息"的可能性适用于发展中国家。虽然加拿大政府部分认为，加拿大因巨大的工作量和不充分的科学数据而不得不出此下策，但其更有可能是出于政治动机，使政府有可能"改善"数据以最大程度实现加拿大的利益。加外交部部长约翰·贝尔德于 2013 年 12 月 9 日在加拿大广播公司的发言中解释了加拿大的做法："我们已要求我们的官员和科学家们做更多必要的工作，以确保提交的延伸大陆架范围包括北极部分。"第二天，俄罗斯总统普京就在一档电视节目中公开要求俄国防部长"特别关注北极地区的基础设施和军事力量的发展"，这被外界普遍视为是对加拿大前一日声明的回应。不过，若是海床的品质在某种程度上不符合预期的话，加拿大要提交的已被推迟数年的最后主张是否会发生变更，还有待观察。

（二）案例2：生物资源在北冰洋的公海管理

现今，生物资源在北冰洋的公海管理并不规范。监管的缺失已得到政治家、科学家和环保组织的公认，而在过去的几年里，北极五国就该海域未来潜在的管理定期举行会谈。在美国的推动下，北极渔业专家会议自2010年以来已形成机制。根据阿拉斯加参议员特德·史蒂文斯和丽莎·穆考斯基的倡议，美国甚至已经签署了与其他国家共同采取必要的步骤等相关法律，以就管理北冰洋洄游和跨界鱼类种群举行国际谈判。

现今，没有人确切地知道有多少鱼类可能存活在北冰洋的中部，更不要说未来几年后的情况了。除了极地鳕鱼之外，相关国在这片区域估计没有太多的商业利益。但随着全球气候变暖导致的冰盖萎缩，海洋生物的生存条件也在不断变化。到目前为止，北极五国已同意就有关北冰洋公海的潜在管理等大多数问题举行会谈，并与2014年2月24—26日期间在努克举行的会议达成了共识，认为目前没有必要发展任何更多的区域渔业管理组织（RFMO）。

然而，虽然在建立有关公海北冰洋的潜在管理组织的迫切性问题上并未存在太多分歧，仅有的分歧在于谁有权决定这个偏远的海洋的未来，以及在何时何地对潜在的可持续的渔业进行开放。一方面，人们发现剩下的三个北极国家——芬兰、冰岛和瑞典都对北极五国在避开整个北极八国的做法显示出不满，特别是冰岛对自己被排除在外表示了极大的不满。另一方面，人们也发现，欧盟特别是欧洲议会认为，其在北冰洋中部地区特别是围绕北极地区享有永久存在，这些意见在北极五国看来都是不合理的甚至是过分的。北极五国认为，其正对北冰洋的生物资源的未来管理过程进行引导是恰当的，其他相关国家的意见仅仅是作为参考。最后，北冰洋的公海也可能令其他如中国、日本和韩国等公海捕鱼国感兴趣，这些利益相关者都有可能会在北极五国会议表达它们的意见。根据 2014 年努克会议上主席的发言，北极五国之外的国家的加入可能很快发生。

四、讨论以及对亚洲的影响

本文中，在北冰洋延伸大陆架所有权的主张过程中，以及在最北的海洋公海建立可能的生物资源管理系统的过程中，笔者提出了"政治是否发挥作用"这一问题。调查结果可谓喜忧参半，它揭示出地方国际法、地理、科学和自然科学以及政治机会主义者和企业家似乎都在发挥作用。

在围绕北极地区特别是大陆架外部界定的过程中，"政治"因素可能会取代"严格"的科学和法律而发挥作用。在这方面，无论是俄罗斯 2001 年提交的主张，还是加拿大只向大陆架界限委员会提交的一份关于其延伸大陆架的初步信息的决定，均表明政治上的考虑可能会超越科学和严谨的国际法。

此外，在规范公海北冰洋的生物资源的管理过程中，政治企业家在决定谁是合法角色的问题上，似乎发挥了显著作用。另外，在建立合法性的过程中谁来扮演领导者角色问题上，人们可以发现地理因素似乎也极为关键。因为早先抓住了主动权，不顾其他诸如欧盟等利益相关者的立场，北极五国可独自作出关键性的决定。虽然

《1995 年鱼类种群协定》强调"各国应进行合作，以保护专属经济区内外的渔业资源并实现最佳利用的目标"，而未来的区域渔业管理组织应该是向所有相关渔业国家开放的。然而，凭着自己优越的地理位置以及在国际关系上的普遍强势地位，北极五国确实在这一问题上起着领导作用，尽管有着来自如冰岛和欧盟的一些强烈的反应。

而这对亚洲国家又有何意义呢？当然，一方面它们可利用公海潜在的资源，另一方面还可利用北冰洋中部深海床的资源。如果这些过程都留给北极五国单独作出决定，那么谁还会去关心那些非北极五国的权利和利益呢？然而，因为没有证据表明北极五国不会遵从大陆架界限委员会的最后建议，北极五国之外的利益攸关方很可能将快速地加入到对该区域生物资源的管理过程中来，而且一个同样重要的问题可能是如何以和平的方式来管理和解决北极地区的纠纷以及重叠的地方政治利益。如果北极国家间以及欧盟都能够对彼此间的分歧进行梳理，这或许可以为类似的包括南海和东海在内的东亚海洋冲突提供一个很好的例子。

北冰洋的治理及其所有权

北极矿业：亚洲的利益与机遇

伊斯琳·斯藤斯戴尔[*]

译者　杨　立　校译者　张　沛

导　论

就地理分布、贸易量和产值而言，矿业是当今一个全球性产业。2012 年，包括钢、铁在内的矿产品是全球第五大贸易商品，其交易额占全球贸易总额的 7%。[①] 矿产资源禀赋在全球分布不均，各国矿产资源的消费类型各不相同，某些现代生活所必须的矿产资源极为稀缺，使得矿业及矿物贸易流动值得关注。中国、日本、韩国这三个亚洲国家均属世界经济强国，同时又是矿产资源消耗大国，在北极地区开采的 60 多种矿物，如铜、金、镍、锌，均大量出口至以上三国。显然，这两大地区在需求与供给方面有大量的合作机会。然而仅就 2014 年而言，北极地区吸引的直接投资仅占中日韩三国矿业对外直接投资的一小部分。亚洲需求与北极矿业生产的交汇点在何处？亚洲国家是否有意参与北极的矿业开发？当前北

---

　　* 伊斯琳·斯藤斯戴尔（Iselin Stensdal），挪威弗里德约夫·南森研究所研究员。

　　① WTO, *International Trade Statistics 2013*, Geneva, WTO, 2013, p. 59, http://www. wto. org/english/res_ e/statis_ e/its2013_ e/its13_ toc_ e. htm（accessed 7 July 2014）.

极采矿项目仅占亚洲三国对外直接投资中的一小部分，哪些因素将影响未来的合作？本文所述的矿物资源意指不含油、气的矿物原材料，且仅讨论资源开采，不涉及加工过程。

一、需求：亚洲矿物进口和对外直接投资

本文所指的亚洲仅涉及中日韩三国。三国的矿产资源禀赋存在显著差别。中国是铝、铁、钢、铅、稀土元素、锡、锌等多种矿物的头号生产国。日韩两国的矿物生产量要小得多，其中日本主产白云石和硅石，韩国大量生产铅、银和锌。三国的共同点是，由于消费量超过本国的产量，因此均存在进口需求。就产值而言，中日韩三国的公共交通工具、机器和电子设备的生产属前三大产业，因为此类设备在生产过程中需要消耗大量矿物资源。但是，三国之间还是存在某些差别，比如，铁路和航空运输工具的生产在中国占有相当大的比例，而日韩两国则以汽车制造为主。中国的矿业对于国民经济极为重要，化工及纺织业亦然。由于工业类型及出口产品大同小异，可以推断中日韩三国均需要某些共同的矿物资源。2011年，中国消耗的铬、钴、铜、铁矿石、锰、铂族金属、钾碱等矿物中超过40%源自进口。日本作为仅次于中国的第二大制钢国，其前三大进口矿物是铝土矿、铜和铁矿石。2011年，日本消耗的金、银和锌等矿物资源大多数来自进口。同年，韩国也进口了铜、铁矿石、锰和锡。尽管进口品种各不相同，但铜、铁矿石、钼、镍、稀土元素、锡、锌等均属三国重要的进口矿物。不同矿物对三国经济的重要性不同，比如，韩国是三国中唯一将铀视作战略矿物的国家。韩国大宇集团（Korean Daewoo）拥有一家在加拿大北部运营基加维克铀项目（Kiggavik uranium project）的合资公司的一小部分股权。诸如铁矿石之类的矿物在世界多个地区均可开采。其他矿

物则仅在少数地点开采，如霞石正长岩仅在挪威和俄罗斯两国的北极区内开采。

中国生产了全世界约95%的稀土元素。构成稀土元素的17种矿物被应用于高技术设备的生产和绿色技术的开发。韩国消耗的稀土元素全部来自进口，日本大部分稀土元素也源自进口。由于目前不存在已知的替代品，所以稀土元素就显得更为紧缺。[1]

为确保各类矿物供给充足，亚洲三国采取了相似的战略。三国均指定相关政府实体管理特定的矿物储备。不仅如此，各国均重视矿产领域的研发工作，以应对未来可能出现的资源短缺问题。比如，中国政府调整了矿产行业的结构，力求改善环境污染和国内供给问题。日韩两国则重点加强资源的循环利用能力。另外，中日韩三国的对外直接投资也对世界市场有着重要的影响。亚洲国家的对外直接投资来源既有国有成分也有私人成分。[2] 韩国资源公司（Korea Resource Corporation）是一家国有公司，经过2008年的重组后，韩国政府希望在2020年之前将其打造成跻身全球前20位的矿业公司。2008年以来，该公司在亚太、美洲、非洲及欧洲地区开展对外直接投资，主要涉足铜、金、铁矿石和锌等矿产领域。作为资源储备机构的日本国营石油天然气金属公司（Japan Oil, Gas and Metals National Corporation），除了支持日本企业开展海外矿业投资外，自身也从事海外投资经营活动。2012—2013年，中国企业海外金属行业的投资额达59亿美元。亚太地区是吸引海外直接

---

① L. Hayes-Labruto, S. Schillebeeckx, M. Workman, & N. Shah, "Contrasting perspectives on China's rare earths policies: Reframing the debate through a stakeholder lens", *Energy Policy*, 2013, vol. 63, p. 55; I. Stensdal, "Arctic mineral extraction: Status quo and the Asian potential", forthcoming; USGS, *China—2011 [advance release] 2011 Minerals Yearbook*, (Reston, VA, U. S. Department of the Interior, U. S. Geological Survey), 2013, http://minerals. usgs. gov/minerals/pubs/country/2011/myb3 – 2011 – ch. pdf (accessed 5 January 2014).

② I here define a company to belong to that country where its headquarter is located.

投资最多的区域。① 中日韩三国的各类企业正积极在其国土以外寻找投资项目。三国企业的共同点是，积极从事对生产开发铁矿石、镍和铜等矿物的企业的海外投资。金、铅、银、锌也是三国企业近年来的热点投资矿物。不难发现，北极地区可以为亚洲国家提供多种所需的矿物。

二、供给：北极矿物生产

北极地区②生产大量的钯、铂、钴、镍③等矿物，其规模是世界级的。这一地区的矿物生产历史悠久，可追溯至 1600 年代。现今，北极地区的矿产开采条件各不相同。斯堪的纳维亚地区和俄罗斯西北地区由于矿产作业与国民经济的融合度高、电力供应充沛、基础设施完善而显得最为成熟。各国临近北极的边疆地区如美国的阿拉斯加、加拿大北极区、格陵兰岛和俄罗斯的西伯利亚地区，则

---

① Heritage Foundation，"The China Global Investment Tracker"，http：//www. heritage. org/research/projects/china-global-investment-tracker-interactive-map，2014（accessed 10 February 2014）；KORES，"Businesses"，http：//eng. kores. or. kr/views/cms/eng/bu/bu01. jsp，2014（accessed 10 February 2014）；I. Stensdal，"Arctic mineral extraction：Status quo and the Asian potential"，forthcoming；J. Wübbeke，"China's Mineral and Metals Industry：On the Path towards Sustainable Development？"，*Pacific News*，vol. 38，July/August，2012，pp. 18 – 21.

② The Arctic region is here defined as the circumpolar areas of the Canadian territories Nunavut, the Northwest Territories and Yukon, Denmark's Greenland, the Finnish the regions of Lapland and Northern Ostrobothnia, Norway's counties Finnmark, Nordland and Troms as well as territory of Svalbard, the Russian Arkhangelsk, and Murmansk Oblasts, the Republic of Karelia and Komi and Nenetsia Autonomous Territory (Northwest Federal District), the Autonomous Territories of Khantia-Mansia (Yurga) and Yamalia (Ural Federal District), the Taimyr and Evenk Okrugs of the Krasnoyarsk Krai (Siberian Federal District), as well as Chukotka Autonomous Territory, Kamchatka Krai, Magadan Oblast and the Sakha (Yakutia) Republic (Far East Federal District), Sweden's counties Norrbotten and Västerbotten and the state of Alaska in the case of USA. Iceland and the Faroe Islands are here excluded, due to very slim mineral production there.

③ L. Lindholt，"Arctic natural resources in a global perspective"，in S. Glomsrød & I. Aslaksen (eds.)，*The Economy of the North*，(Oslo，Statistics Norway)，2006，p. 30.

尚处于新项目的开发阶段，基础设施的互联互通不足。[①] 此外，北极地区的矿产资源禀赋亦大不相同。俄罗斯的北极区资源丰富，可供世界级的生产开发，而挪威的北极区产量则相对较低。矿产行业的区域经济贡献率也各不相同，在加拿大是 20%，在挪威则仅为0.5%。以国民经济的大背景而言，加拿大西北地区的钻石生产也许微不足道，但对于区域经济而言，此行业则属基础命脉。在格陵兰岛，一项大规模的采矿工程足以对国家经济产生举足轻重的影响。而在俄罗斯的北极区，矿物生产相比油气的开发则显得微不足道。[②] 北极各国在产业结构方面也存在巨大差别，阿拉斯加州数百家私人公司从事矿业生产，而瑞典的北极矿业生产则被两家国有大企业所主导。[③]

北极地区最广为人知的矿物资源当属铜、金、铅、银和锌。巧合的是，这些资源正是亚洲国家所急需的。北极地区、阿拉斯加、加拿大北极区、芬兰、俄罗斯和瑞典等地区广泛生产铜，除了现有的生产规模外，阿拉斯加、加拿大北极区和挪威等地都已启动新的高级探矿项目。金矿在本文所述的各个北极辖区内（除挪威和格陵兰岛外）均有生产，且仍然有新的探矿项目不时启动。格陵兰岛在 2000 年代初的金产量有限。金产量在阿拉斯加地区占其所有矿物经济总产值的 40%。挪威的北极区、俄罗斯和瑞典均生产铁矿石；瑞典所产铁矿石占欧盟总产量的 90% 以上，且所有的生产过程均发生在该国的北极地区。加拿大努纳武特地区巴芬岛的铁矿石项目是该国北极区内最先进的开发项目之一，而在格陵兰

---

① S. Haley, N. Szymoniak, M. Klick, A. Crow & T. Schwoerer, "Social Indicators for Arctic Mining", *ISER Working Paper*, (Anchorage, University of Alaska Anchorage), 2011, pp. 18 – 30.

② S. Glomsrød, I. Mäenpää, L. Lindholt, H. McDonald & S. Goldsmith, "Arctic economies within the Arctic nations", in S. Glomsrød & I. Aslaksen (eds.), *The Economy of the North 2008*, (Oslo, Statistics Norway), 2009, pp. 37 – 66.

③ I. Stensdal, "Arctic mineral extraction: Status quo and the Asian potential", forthcoming.

岛，伦敦矿业公司的伊苏阿（Isua）铁矿石项目预计将在未来几年正式投产。镍的生产主要在俄罗斯开展；俄罗斯矿产及冶金公司是世界最大的镍生产商，其产量占全球总产量的20%。加拿大北极区和芬兰也从事镍生产活动。俄罗斯也是钯和其他铂族金属的生产大国。俄罗斯矿产及冶金公司是世界上最大的钯生产商，也是全球最大的铂族金属生产商之一。芬兰的北极区也开采铂族金属并且启动了不少探矿新项目。虽然目前还没有任何稀土元素生产项目，但是在阿拉斯加、加拿大北极区、芬兰、以及俄罗斯都有相关的探矿项目正在进行。此外，北极地区广泛生产金、银及其他矿物。阿拉斯加、加拿大北极区、芬兰俄罗斯和瑞典均有银矿。阿拉斯加、加拿大北极区、芬兰和瑞典还开采锌矿。无论就产值或是储量而言，阿拉斯加都拥有全世界最大的基础锌矿——红狗锌铅矿。①

总之，一方面是亚洲国家巨大的需求量和强烈的进口意愿，另一方面是北极地区矿物的现有生产水平和广阔的开发前景，两者之间存在广泛的交集。

三、北极矿业开发对于亚洲有利？

如何界定北极矿物开采所带来的利益？本文通过三个层级来定义"利益"，详见表1。

---

① J. Athey, L. Harbo, P. Lasley & L. Freeman, "Alaska's mineral industry, 2012", *Alaska Division of Geological & Geophysical Surveys Special Report*, (Anchorage, Alaska Division of Geological & Geophysical Surveys), vol. 68, 2013; I. Stensdal, "Arctic mineral extraction: Status quo and the Asian potential", forthcoming.

表1　北极矿物生产的亚洲利益类型

类别	表现形式
无利益/无意识	不接触、不关心、不知晓相关开发项目
消极利益	关注新闻报道，远距离跟踪动态，在交易所购买期货
积极利益	参与北极地区交易，与北极伙伴国签署谅解备忘录以获取勘探资格、资助勘探工程、购买资产、成立合资企业

按上述层级分析，亚洲国家的北极利益目前仍然有限。亚洲国家购买了一些产业，如2011年，中国蓝星集团购入在生产太阳能级硅和特种合金铸造业处于世界领先水平的埃肯公司，这项交易还包括了挪威北极区芬马克（Finnmark）的一处石英矿。① 自2009年起，日本住友金属矿业有限公司（Sumitomo Metal Mining Company Ltd）和住友集团（Sumitomo Corporation）一直拥有且经营着阿拉斯加东部内陆地区的波戈（Pogo）金矿。韩国大宇集团拥有加拿大努纳武特基加维克铀矿合资企业1.7%的股份。② 中国主权财富基金——中国投资有限责任公司于2012年5月购入俄罗斯极地（Polyus）金业公司5%的股份。该公司的主营业务在俄罗斯北极区外，但在马加丹州有一处开发项目，截至目前该工程已探明金矿储量约3160万盎司。③ 中国—北欧矿业有限责任公司拥有格陵兰岛

① Elkem, "Orkla sells Elkem to China National Bluestar", https：//www. elkem. com/en/news/item/Orkla-sells-Elkem-to-China-National-Bluestar/, 11 January, 2011 （accessed 29 October 2013）.

② AREVA, "Kiggavik Project", http：//us. areva. com/EN/home - 992/areva-resources-canada-kiggavik-project. html, 2013 （accessed 6 December 2013）.

③ C. Belton, "Polyus sells 5% stake to China fund unit", *Financial Times*, 1 May, 2012, http：//www. ft. com/intl/cms/s/0/7fb6361c - 93ab - 11e1 - baf0 - 00144feab49a. html#axzz2vrCzVeAi （accessed 14 May 2014）; Polyus, "Development projects", http：//www. polyusgold. com/operations/development_ projects/, 2012 （accessed 18 February 2014）.

东部卡尔斯堡湾地区的勘探权，有效期至 2016 年。① 亚洲国家与北极销售商从事矿物交易的一个例子是，中国买主通过合同购买俄罗斯多种金属公司（Polymetal），采自北极区迈斯科耶（Mayskoye）的黄金。② 在投资方面，英国的伦敦矿业公司正与中国投资者商谈在格陵兰岛努克地区伊苏阿的铁矿石合作项目。此前，伦敦矿业公司曾在 2011—2012 年与中国四川的一家矿业投资公司进行洽谈，但没有达成协议。③ 此后，中国的国家开发银行表示了对此项目的兴趣。④ 2014 年，澳大利亚埃隆巴克（Ironbark）锌业公司与中国有色金属建设股份公司就格陵兰岛北部的希特伦（Citronen）锌矿合作项目签署谅解备忘录。备忘录中指出，中国有色金属建设股份公司将负责该项目的设计、建造及运营，拥有 70% 的运营资金、期货股权，且能在今后出售不超过该项目 19.9% 的股份。⑤ 然而，直到 2014 年 9 月为止，埃隆巴克公司仅具有独家探矿权，还需取得生产权。

总之，与世界其他地区相比，在北极投资对于亚洲国家的积极利益很小，亚洲在北极地区的矿业投资几乎微不足道。格陵兰岛是少数为亚洲国家所关注的地区之一。既然商品市场是全球性的，那么北极对于亚洲国家的消极利益就大于积极利益。然而消极利益因其本身属性，难以被察觉。亚洲国家涉及北极的新闻报

① BMP, "List of Mineral and Petroleum Licences in Greenland", September 16, 2014, http://bmp.gl/images/stories/minerals/list_of_licences/list_of_licences.pdf, 2013 (accessed 17 September 2014).

② Polymetal Int. PLC, "Mayskoye. Overview", http://www.polymetalinternational.com/operations-landing/mayskoye/overview.aspx? sc_lang=en, 2013 (accessed 10 December 2013).

③ Caixin, "China's Arctic Mining Adventure Left Out in the Cold", http://english.caixin.com/2013-11-26/100609820.html, 26 November, 2013 (accessed 20 February 2014).

④ NRK, "Wishes for Chinese to Greenland", in Norwegian, http://www.nrk.no/verden/onsker-kinesere-til-gronland-1.10947614, 14 March, 2013 (accessed 18 September 2013).

⑤ Arctic Journal, "Ironbark Zinc in new partnership with China's NFC to progress Citronen", 15 April, 2014, http://arcticjournal.com/press-releases/557/ironbark-zinc-new-partnership-chinas-nfc-progress-citronen (accessed 10 May 2014).

北极矿业：亚洲的利益与机遇

道显示，亚洲行为体正密切关注北极矿业的发展趋势。由于亚洲国家是最大的矿物资源消耗与进口国，而且北极的丰富资源正吸引着全世界越来越多的目光，不难想象北极地区矿业开发对于亚洲国家的积极利益将越来越大。一系列因素将影响亚洲行为体的积极利益。

四、影响未来机遇的若干因素

原材料价格将是影响北极积极利益的决定性因素。国际市场上某一种矿物的价格将决定北极开发和市场供给的可行性。过去10年中，由于亚洲的需求增长，某些矿物的价格随之上升，如铁矿石。价格上涨使得北极开采项目的经济吸引力增强，但北极地区恶劣的气候条件推高了生产成本。北极的某些区域拥有良好的基础设施，其他一些区域虽然拥有丰富的矿产储备，却地处偏远，启动新的开发项需要首先提供资金，建立相应的人力及交通后勤保障系统。地理位置不同，运输成本各异，但是随着北极航道的开通，那些便于利用航道运输优势的区域将迎来更为广阔的开采前景。此外，与地方政府的交涉和因遵守当地法规而产生的交易成本对于新项目而言也是至关重要的。北极国家政府普遍为工矿企业所尊重，工矿企业为了使自己的生产经营活动为当地社区所接受，也会付出一定的交易成本。在这一点上北极各地的情况有所不同。在阿拉斯加和芬诺斯堪地亚（Fennoscandia），就有北极域外社区及环保主义者反对启动新开采项目。而格陵兰的情况不同，因为当地急需外来资本发展岛上经济，地方政府中主管矿业的部门正积极寻找外国伙伴，启动矿物生产项目。①

　　另一个影响未来机遇的因素是战略行为。有的时候，工矿企业会进入某个在短期内无法产生经济回报的市场。这种定位通常是一种长期的战略选择，对于政府而言，矿产资源的开采在许多方面都是战略性的举措。在除美国外的其他北极国家发布的北极战略中，矿产资源的开采均被列为其北极辖区内对于未来经济发展具有重要意义的产业。矿产资源开采的战略意义还有另一个维度，某些矿物对于国家经济至关重要，比如中日韩三国的产业发展有赖于矿物的生产。矿物对于国防体系等行业也是不可或缺的，美国、欧盟和其他国家都开列了对国家具有重要意义的战略物资清单。此外，各种矿物的储备及开产量仍不确定，进一步凸显了矿产资源的战略重要性。无法精确计算矿物的总储备量使得各国政府难以提前就所需物资的供给作出规划，只能针对未来物资短缺采取"对冲性"的战略行动。此类行动包括对内加强资源的测绘、勘探、储备和以循环利用为重点的研发，对外则通过签署一系列买卖合同确保供给的充足。中日韩三国政府所重视的矿物资源与北极地区所生产的矿物有许多重合。对于稀土元素的需求充分说明许多政府都在寻求使战略储备物资供给的多元化。②

　　由于外部条件不同，影响未来机遇的种种因素既可能是动力，也可成为阻碍。北极各国政府的决策就是一个例子：既可以像格陵兰那样吸引海外直接投资，也可以设置种种条件，限制矿产资源的

　　① Fraiser Insititue, "Survey of Mining Companies 2012/2013", *Fraiser Institute Annual Survey*, (Vancouver, the Fraiser Institute), 2013, pp. 11 – 12; H. Heikkinen, I. Hannu, E. Lépy, S. Sarkki & T. Komu, "Challenges in acquiring a social licence to mine in the globalising Arctic", *Polar Record*, *First View*, 2013, pp. 1 – 13; I. Stensdal, "Arctic mineral extraction: Status quo and the Asian potential", forthcoming.

　　② I. Stensdal, "Arctic mineral extraction: Status quo and the Asian potential", forthcoming; J. Wübbeke, "Three Worlds of Natural Resources and Power", in E. Fels, J. – F. Kremer & K. Kronenberg (eds.), *Power in the 21st Century. International Security and International Political Economy in a Changing World*, Berlin, Springer-Verlag, 2012, pp. 97 – 115.

开采。另外，私人企业、政府企业、当地社区及地方政府等不同行为体的参与，使得其情况变得更加复杂。

五、结语

中日韩三国是国际原材料市场上的主要行为体。尽管相互之间存在差异，但是三国都进口着北极地区开采的大量矿物资源。然而，亚洲国家的需求与北极地区供给之间的契合度并未使北极地区对于亚洲产生规模化的积极利益。假设北极地区对于亚洲国家的积极利益在未来会逐渐增加，那么全球市场的矿物价格和运输成本将成为重要的影响因素。此种情形下，北极地区将提供多种可供亚洲国家开采和生产的矿物。若处理得当，未来的矿产开发将造福于当地社区、北极国家和亚洲行为体。

亚洲国家在北极的经济利益：新加坡的视角

陈　刚[*]

译者　程保志　校译者　龚克瑜

由气候变化而导致的北极海冰消融已吸引一些东亚和南亚国家对该地区投入经济和外交资源。在不久的未来，碳排放引起的全球气候升温使得北极极有可能成为无冰环境，这不仅为东西方提供了一条航运捷径，也使得人类有可能进入该地区开采能源和矿产资源。在亚洲繁荣发展和海冰消退的双重背景下，北极的地缘政治和经济重要性不断提升，这不仅使北极及其邻近地区的开发更为可行，而且也使其他力量重新思考其在北极消融前景下的利益所在；而能源和环境利益之间的新的平衡格局会受到各参与方发展战略的影响和重塑。作为东南亚的一个岛国，新加坡在亟需能源的东亚和富含石油的中东之间经由马六甲海峡的传统航路方面拥有重要利益；而对于经由无冰的北极而开辟出的新航路有可能绕过该国的风险，新加坡也一直予以密切关注。为更好地理解和应对北极海冰消融，尤其是北方海航道（NSR）显现的挑战，新加坡于2013年加入北极理事会，并成为该机构正式观察员。这是一个于1996年9

　＊　陈刚，新加坡国立大学东亚研究所研究员。

月成立的旨在促进北极国家在可持续发展和环境保护事务上进行合作的政府间论坛。新加坡也许正面临着15世纪以来威尼斯因新航路开辟而绕过东地中海的类似困局；为此，新加坡必须牢牢抓住新一轮北极开发所带来的航运、能源及环保机遇，以避免威尼斯式的衰落及在全球变得无足轻重[①]的风险。

一、北极消融的经济意涵

自1980年以来，北极升温的速度一直是地球其他地区的两倍，[②] 这意味着2040年前北冰洋在夏季将出现持续无冰的状况；而这将促进亚洲与欧洲以及亚洲与北美洲之间商业航线的开通。这条新的北极海运航线从中国北方任一港口至欧洲和北美东海岸港口的距离，比经由苏伊士运河或巴拿马运河的传统航线距离至少缩短40%。[③] 据估算，经由东北航道从上海到汉堡的航程，将比经由马六甲海峡和苏伊士运河的传统航线缩短6400公里。[④] 在北冰洋海运捷径的成本收益计算之上，安全因素也应纳入考量。中国就将对马六甲海峡——这一位于马来半岛和印尼苏门答腊岛之间的世界上最为繁忙的航线——的严重依赖视为其战略脆弱地带。东非地区频繁的海盗侵扰已使航行在苏伊士运河和亚丁湾的船舶保险费达到新

---

① T. S. Hui, "Singapore must guard against going the way of Venice", *Today*, 14 October 2013, p. 12.

② AMAP, *Snow, Water, Ice and Permafrost in the Arctic* (*SWIPA*): *Climate Change and the Cryosphere*. Oslo, Norway, Arctic Monitoring and Assessment Programme (AMAP), 2011, p. 4.

③ M. W. Bockmann, "Arctic Ship Cargoes Saving $650,000 on Fuel Set for Record High", *BloombergNews*, June 13, 2012, http://www.bloomberg.com/news/2012-06-13/arctic-ship-cargoes-saving-650-000-on-fuel-set-for-record-high.html (accessed 23 July 2014).

④ T. N. Bertelsen, "China Watches Arctic Movement of Russia Closely", *GB Times*, 28 November, 2011, http://gbtimes.com/world/china-watches-arctic-movement-russia-closely (accessed 23 July 2014).

高，这更使东亚国家下定决心为其巨额对外贸易寻求多样化的海运航线。

亚洲国家可获取的另一项收益就是开采该地区蕴藏的丰富自然资源储备。据美国地质调查局 2008 年估算，北极蕴藏着全世界未探明天然气储量的 30% 和未探明石油资源的 13%。[1] 此外，该地区还蕴藏着丰富的铬、煤、铜、钻石、黄金、铅、锰、镍、银、钛、钨和锌等矿产资源，以及极端富足的海洋生物和木材资源。[2] 中国日益意识到，北极的战略重要性与其大规模的工业化和城镇化发展直接相关。大规模的工业化和城镇化使得中国更加依赖可靠的海外能源、矿产、渔业、木材供给。在过去 20 年里，中国的能源消费增长超过 20%，已成为世界上最大的煤炭进口国和最大原油进口国。作为全球铁矿石和基础金属需求增长的主要驱动因素，中国已消费了世界铁矿石供应总量的 60% 多和世界黄铜供应总量的 40%。

二、新加坡从东亚经济发展中获益

在过去 20 年里，东亚，尤其是中国的经济崛起已从根本上改变了全球贸易和能源格局。在经历了令人眼花缭乱的大规模工业化和城镇化后，中国已取代美国成为世界头号贸易大国和能源消费国。[3] 从 1991—2010 年，中国的国内生产总值（GDP）以每年

---

① D. Gautier et. al., "Assessment of Undiscovered Oil and Gas in the Arctic", *Science*, vol. 324, no. 5931（May 2009），2009，pp. 1175 – 1179.

② ECON, "Arctic Shipping 2030: From Russia with Oil, Stormy Passage, or Arctic Great Game?", （Oslo, ECON），*ECON Report 2007 – 070*, 2007. pp. 4 – 5.

③ According to OECD and IEA figures, China's primary energy demand in 2009 reached 2, 271 Mtoe, 18. 7 % of the world's total and 5. 1% higher than that of the United States, which ranked second in the world. OECD/IEA, *World Energy Outlook 2011*, （Paris, IEA），2011, p. 81.

117

10.5% 的速度增长，而其能源消费每年增长 6.1%。① 中国的对外货物贸易，包括进、出口在内，在 1978—2012 年间增长了 143 倍，相当于以每年 16.8% 的速度增长。② 随着中国能源消费在过去 20 年里增长超过 200%，其已从过去能源生产上的自给自足，转变为现今不得不进口更多的化石燃料，尤其是原油和天然气，以支撑其能源密集型产业发展和国内消费者日益富足的生活方式。虽然中国已使其石油产能达至最大化，但由于该国可开采储备的有限性，其国内年产量只能以小幅度增加。因此，日益增长的石油需求的大部分只有通过进口国外石油予以满足。从 1995—2009 年，中国石油产量仅增长了 26%，达到 1.89 亿吨，而同期的石油进口则增长了 598%，达到 2.56 亿吨，占到 2009 年中国石油消费总量的 67%。③ 日本和韩国这两个东亚地区的重要经济体，长久以来就是主要的能源进口国，业已成为世界上液化天然气（LNG）第一大和第二大进口国。在 2011 年 3 月的福岛核电站核泄漏事故后，日本鉴于安全原因逐步关停了 50 个核反应堆。而核电占该国总电力的 1/3，这部分电力缺口将只有通过加大油气进口予以解决。对韩国而言，虽然在过去 10 年该国石油净进口一直保持稳定，但其天然气净进口在 2000—2010 年间却大幅飙升 120% 多，达到 421.52 亿立方米。④ 虽然过去数十年间天然气在中国能源消费中占比不大，但目前作为碳排放相对较少的清洁能源，天然气在中国能源消费总量中的占比一直稳步增长。随着能源需求的增加，管道油气和液化天然

---

① National Bureau of Statistics （NBS） of China, *China Statistical Yearbook 2011*, Beijing, China Statistics Press, 2011, pp. 5 – 7.

② China's State Council, "China's Foreign Trade", in Chinese, http://www.gov.cn/zwgk/2011 – 12/07/content_ 2013475. htm, December 2011 （accessed 23 July 2014）.

③ National Bureau of Statistics （NBS） of China, *China Statistical Yearbook 2011*, Beijing, China Statistics Press, 2011, p. 261.

④ IEA, "Oil and Gas Security 2011 – Republic of Korea", （Paris, IEA）, 2011, p. 2.

气进口也会不断增加，这必将导致全球能源格局发生根本变化。[①]

　　快速增长的东亚贸易和能源需求以及全球经济结构的急剧变化，使作为国际港口、金融枢纽、贸易中心和区域性石化基地的新加坡受益匪浅。由于位于亚洲传统海运航线交叉口的独特地理位置，新加坡港目前已是全世界第二繁忙的港口，其航运总吨位紧随上海之后；而充分利用全球能源需求重心向"新亚洲"快速转移的机遇，新加坡港已一跃成为世界上最繁忙的转载港口，全世界1/5的集装箱运输以及全世界年原油供给的一半均在新加坡转载。新加坡还是东南亚地区首屈一指的油气枢纽，这一高附加值产业为该国贡献了5%的国内生产总值。为将其能源产业提升至一个新的水平，新加坡寻求提升其精炼能力，包括扩建精炼加工厂和精炼设施运作的最优化。这一努力不仅旨在保持新加坡在全球精炼行业中的已有份额，而更为重要的是通过创造出口导向型的精炼产能，在促进新加坡石油贸易活动方面居于有利地位。新加坡也是该地区能源研发（R&D）的重要基地。作为能源行业内的研发基地，新加坡在可替代燃料和新一代生物燃料方面居于领先地位；而且该国也为从研发向高附加值产品（如润滑剂）转化提供引导和帮助。在致力于从精炼业开发高附加值方面，新加坡在关键性研发领域也取得突破，如过程优化和催化剂开发就可使现有精炼资产得到最大化利用。[②]新加坡在推动能源行业发展、保持竞争力并提供基建方案上颇有实力。新加坡也是人才的聚集地，而人才为这个城市国家成为全球领先的能源和化工中心作出了巨大贡献。

　　① L. Hook，"China：Beijing will drive global natural gas demand"，*Financial Times*，20 December 2011，http：//www.ft.com/intl/cms/s/0/41bc676a－25a0－11e1－9c76－00144feabdc0.html#axzz1h8PyOvOG（accessed 23 July，2014）.

　　② Singapore Economic Development Board，"Energy：Industry Background"，http：//www.edb.gov.sg/content/edb/en/industries/industries/energy.html（accessed 20 October，2013）.

亚洲国家在北极的经济利益：新加坡的视角

新加坡的石油产业：事实和数据①

●石油产业占新加坡 GDP 的 5%。

●新加坡是世界三大精炼石油出口中心之一，其 2007 年精炼石油出口量达 6810 万吨。

●石油产业并非是一个孤立的产业。精炼业是化工产业的催化剂，为其提供优质给料以及其他衍生产品，诸如油气设备、石油钻塔制造等。

●新加坡是亚洲领先的石油贸易枢纽。

●新加坡是亚洲石油和石油产品的定价中心。

●新加坡是亚洲首要液体散货物流中心，位居世界前三。

●新加坡是世界上最繁忙的燃油海运中心，仅 2007 年就达 3150 万吨。

三、经由北极的新航路会影响新加坡的重要性吗？

2013 年 9 月，1.9 万吨的"永盛轮"成为同类型船舶中首艘经过俄罗斯北极北方海航道顺利完成中国大连港至荷兰鹿特丹航程的商业集装箱货轮。此次航行共 9 天，总航程比经由马六甲海峡和苏伊士运河的传统航线缩减了 2800 海里。② 北方海航道的预期开通将连接大西洋和太平洋，而这将对经由新加坡和马六甲海峡的传统航线产生潜在影响。目前，新加坡的航运和石化产业高度依赖本国这种与生俱来的位于主要贸易和航运线路要冲的地理优势，因此如果在融冰情形下北方海航道得到更为频繁的利用，更多石油天然

---

① Singapore Economic Development Board, "Energy：Industry Background", http：//www. edb. gov. sg/content/edb/en/industries/industries/energy. html（accessed 20 October, 2013）.

② CCTV, "Chinese cargo ship reaches Europe through Arctic shortcut", *CCTV News*, television show, 12 September, 2013.

气直接通过北极地区运往东亚，那么可以预料的是，有些海运船只未来将绕过新加坡和马六甲海峡。

由于具备日产 400 万桶的国内石油生产能力，中国对马六甲海峡的依赖度占其总需求的 37%；而日本、韩国和中国台湾地区对马六甲海峡的依赖度占其消费总量的 75%。[①] 新加坡在过去 20 年从中国和韩国日益增长的能源需求中获利颇丰。现在，中国比美国更依赖中东石油，其进口石油的一半多来自该地区。沙特阿拉伯向中国出口了大部分的原油，约占中国石油进口总量的 20%。

1988 年，时任新加坡外交部长的杨荣文（George Yeo）曾将新加坡的崛起和十三四世纪威尼斯的兴盛相提并论，那么眼下新加坡所面临的这种在全球事务中变得无关紧要的风险也可与 15 世纪后威尼斯的衰落相比拟：那时，威尼斯与黎凡特（Levant）或东地中海的贸易由于哥伦布发现了美洲大陆以及达伽马发现了经由好望角至亚洲的贸易航线而面临威胁。[②] 当然，现今的新加坡与 15 世纪的威尼斯有着根本区别。首先，虽然利用北方海航道的船只数量一直在增加，但其不太可能变成能与苏伊士运河相匹敌的主要竞争者，因为北方航线每年大概只能开放 4—5 个月的航行时间，而且冰雪消融的前景并不确定。其次，北极地区能源供应的增加并不能从根本上改变东北亚国家对中东原油供应的严重依赖这一现实，因此预言北极或俄罗斯远东油气生产将取代中东原油供应还为时过早，其还面临开采、开发及运输成本高昂以及环境和政治等障碍。第三，当今新加坡在世界经济版图上已成为国际金融中心、高端制造基地以及部分服务业的区域中心，因此当地经济已足够强大和多

① J. Pedersen, "China Leads Peers in Resolving Malacca Energy Shipping Dilemma", *The Wall Street Journal*, 23 Oct. 2013, http://blogs.wsj.com/searealtime/2013/05/13/china-leads-peers-in-resolving-malacca-energy-shipping-dilemma（accessed 4 August, 2014）.

② T. S. Hui, "Singapore must guard against going the way of Venice", *Today*, 14 October 2013, p. 12.

样化，足以应对全球航运产业重组所产生的对能源和航运产业的冲击。

对于包括中国、日本、韩国和中国台湾地区在内的东北亚经济体而言，其化石燃料需求在未来的岁月将继续增长；即便出于对能源安全的考虑而采取多样化战略，它们从中东进口能源的绝对数量也将继续增长。中国目前在能源需求上的行为与其他标准的发展中国家极为相似，在 2030 年前中国有将近 4 亿人口实现城镇化的目标将进一步大幅提升其能源需求。自 2011 年福岛核泄漏事故后，鉴于高涨的反核情绪和对其安全性的质疑，日本临时关停了 50 个核反应堆，而核电过去占该国总电力的 1/3。作为经合组织中能源安全度和独立性最低的国家，日本的年均天然气进口量已升至 9000 万公吨，价值或超过 700 亿美元，而其中相当的增量是用于弥补"3·11"事件后已关停的核能缺口。世界第三大经济体每年将花费 2500 亿美元用于进口石油、天然气和煤炭。[①] 考虑到这一现实，东北亚国家实行的能源多样化战略在绝对数量上并不能减轻其对来自中东地区的能源的依赖。作为 20 世纪超级大国对峙的中心地带，中东对中国而言具有更高的战略重要性。随着中国积极寻求海外商机，海湾地区正成为其能源产业对外投资的重要目的地。石油贸易是东亚和中东两个地区贸易增长的主要连接点。在可预见的未来，也没有迹象表明中国的能源多样化战略会减少其在中东的能源贸易和投资活动。因此，马六甲海峡对于东亚和中东的能源联系仍极为重要。

---

① T. O'sullivan, "Japan's energy challenges 2 years on from Fukushima", *Japan Today*, 5 March, 2013, http://www.japantoday.com/category/opinions/view/japans-energy-challenges - 2 - years-on-from-fukushima（accessed 4 August, 2014）.

四、新加坡参与北极开发的利益

虽然北极沿海国和东亚主要经济体均有开发北极资源和海上航路的雄心壮志，但它们不大可能以一种封闭的经济模式开发该地区。在振兴北极的整个过程中，北极沿海国需要从包括新加坡在内的亚洲伙伴处获取技术、金融和政治上的支持和帮助。除东北亚的主要大国外，新加坡可成为北极沿海国开发该地区的另一个潜在的重要合作伙伴，尤其是在能源、环境、基础设施和交通运输领域。在对北极开发对自身的影响进行研究之后，新加坡自 2009 起开始介入北极事务。由此开启了与该领域专家之间的一系列互访和研讨，而这有助于新加坡认识到该地区生态环境及其原住民社群所面临的关切和挑战。[①] 在很多利益攸关方均有兴趣参与开发的北极石油和天然气领域，新加坡拥有广泛的专业技能。新加坡在自然资源开采和开发上没有利益，也不具备这样的资源和能力，但新加坡可为该地区的发展提供技术和知识工具。[②] 鉴于新加坡政府试图加强其能源产业的竞争力以及开发创新型的物流方案，以提升精炼、贸易和物流活动的融合度，从而满足全球能源需求，新加坡有动力参与北极地区的能源合作。新加坡作为极具前途的合作伙伴，最终将成为一个能源领域的高端人才培训基地、为高北地区发展提供融资的金融中心，以及直接介入北极开发的战略伙伴。

随着日益频繁的航运活动、大规模能源项目的开展及其他基础设施的建设，北极这一广袤而偏远地区的宁静已被打破。北极作为气候变化背景下一个环境极端脆弱的地区，为保护其独特的生态环

---

① "Singapore in the Arctic", Senior Parliamentary Secretary for Singapore's Foreign Affairs and Culture, Community and Youth, Sam Tan's speech at the Arctic Circle Forum on 12 October, 2013.

② Ibid.

境及原始的生物多样性，人类还需付出更多的努力。如何维系这一以洁净的海水、丰富的野生生物以及未遭破坏的生态为特点的原始环境，是各利益攸关方在该地区推进航运和资源开发活动时必须考虑的首要环境关切。丰富的自然资源不应过度开发；矿业基建和航运线路应以有序且环境友好的方式加以规划，从而使工业活动对环境的影响最小化。作为一个资源贫乏的城市国家，新加坡的繁荣和可持续发展，在很大程度上是基于其所创造的资源效率型的政策和技术，而这其中的某些经验也可为未来的北极开发提供借鉴。北极研究也是新加坡北极利益的重要组成要素。新加坡国立大学（NUS）海洋工程研究中心和新加坡海洋研究所已经开展了有关北极的研究项目。新加坡也是亚洲首个建造破冰船的国家。新加坡公司吉宝企业（Keppel Corp）是世界上海洋钻塔产业的领军企业，并已为北极油气产业建造了冰区级钻塔。现在吉宝企业正寻求建造新的环境友好型的"绿色"钻塔。在这方面，新加坡公司可为北极可持续的经济开发作出更多贡献。

五、结论

遥远的北极地区的战略发展对于新加坡这个东南亚地区的交通和石化中心可能带来巨大影响。新加坡在经由马六甲海峡的传统航线上拥有重要利益，这条传统航线连接了经济蓬勃发展的东亚和油气丰富的中东以及欧洲的成熟经济体；同时，新加坡对于在北极资源和新航路开发方面有可能被忽视的风险也予以密切关注。尽管远北地区的这种开发肯定会对经由新加坡的石化和航运贸易带来影响，但由于东北亚地区对于中东原油的严重依赖以及其与欧洲的大量贸易在短期内不会发生根本变化，因此所谓经由马六甲海峡的贸易和航运将很大程度上转移到未来的北方海航道的说法的实现还为时尚早，况且北方海航道还面临着开发和运输成本高昂以及政治、环境和法律障碍。包括中日韩和中国台湾地区在内的东北亚经济体的化石燃料需求在未来的岁月里将继续增长，而且即便其出于能源安全考虑而采取能源多样化政策，它们从中东进口能源的绝对数量也还将继续增加。

北极地区的开发也许会对新加坡经济带来有限的影响；而实际上，这个城市国家可从参与该地区经济和环境合作中获得更多利益。通过与北极沿海国和亚洲国家，尤其是北极理事会新加入的正式观察员国在北极地区开发问题上进行实质性合作，新加坡将成为另一个潜在的亚洲伙伴。在能源和环境领域，新加坡拥有广泛的可供分享的专业技能，并且已经为参与该地区的可持续发展做好准备。新加坡高素质的劳动力有能力驾驭高端复杂的制造和研究项目，在产业升级和最新环境及能源技术的运用方面可加以充分利用。在气候变化背景下，清洁能源得到迅速发展；而新加坡作为系统集成者，在这方面的能力和专长享有盛誉，可为国内外项目提供有关清洁能源的解决方案。新加坡在能源、环境、基建和紧急情况应对方面将秉持增资和技能分享的立场，而这点从长远来看，对北极的开发极具价值。

第三编

北极地缘政治：亚洲和北极国家观点

高北地区的合作与冲突：
高政治还是低矛盾？

荣英格*

译者 杨 剑 校译者 张 耀

一、导言

北极地区被认为是最后的边疆。① 美国副国务卿奈兹（Thomas
R. Nides）在 2012 年的一次讲话中声称，北极"正在成为我们外交
政策当中的新边疆"。② 美国和俄罗斯这两个超级大国是北冰洋沿
岸国家，而另一个超级大国中国也对北极事务越发关注，因此近年
来许多西方以及亚洲的学者和评论家认为，由于对北极事务关注度
的增加，各国对区域内资源与控制权的争夺和竞赛会导致冲突。德

---

* 荣英格（Jo Inge Bekkevold），挪威防卫研究所亚洲安全研究中心主任。

① C. Sennott，"The Arctic Circle：Earth's final frontier?"，*Global Post*，27 March 2012，ht-
tp：//www.globalpost.com/dispatches/globalpost-blogs/groundtruth/arctic-circle-the-final-frontier（ac-
cessed 9 April，2014）.

② H. A. Conley et. al，"The New Foreign Policy Frontier：U. S. Interests and Actors in the Arc-
tic"，（Washington，DC，Center for Strategic and International Studies），*Center for Strategic and Inter-*
national Studies Europe Program Report，March 2013，p. 88，http：//csis.org/publication/new-for-
eign-policy-frontier（accessed 13 June 2014）.

国《明镜周刊》在网上指出："正当冰架消失之时，世界上的超级大国正在争夺大北极地区的新疆域。"① 该刊还刊发了一篇题为《北极争夺战：俄罗斯将亮剑北极》的文章。② 美国知名杂志《外交事务》于 2009 年刊登的一篇文章称，在北极一场大戏已经拉开序幕，这一地区的地缘政治正经历着快速转型。③ 美国《华尔街日报》2014 年 3 月刊发了题为《北极冰川下的冷战回响》的文章。④ 俄罗斯于 2007 年在北极点投下了一个带有俄罗斯国旗的碳罐，象征性地声明其对北极海床的所有权。加拿大总理哈珀在 2014 年上半年的一次采访中声称，加拿大早在 20 世纪 30 年代就对北极点主张了主权。⑤ 近年来中国的外交政策看上去更加积极，⑥ 其对北极

---

① Der Spiegel Online International, "The Race for the Arctic", http：//www. spiegel. de/international/topic/the_ race_ for_ the_ arctic/（accessed 9 April 2014）.

② Der Spiegel Online International, "Arctic Scramble：Russia to Flex Military Muscle in Far North ", http：//www. spiegel. de/international/europe/russian-president-vladimir-putin-plans-military-expansion-in-arctic-a – 938387. html, 11 December, 2013（accessed 9 April 2014）.

③ S. G. Borgerson, "The Great Game Moves North. As the Arctic Melts, Countries Vie for Control ", *Foreign Affairs*, http：//www. foreignaffairs. com/articles/64905/scott-g-borgerson/the-great-game-moves-north, 25 March, 2009（accessed 9 April 2014）.

④ J. E. Barnes, "Cold War Echoes Under the Arctic Ice：American Naval Exercise Using a Russian Submarine Takes on New Importance", *Wall Street Journal*, 25 March, 2014, http：//online. wsj. com/news/articles/SB10001424052702304679404579461630946609454（accessed 14 June 2014）.

⑤ S. Chase, "Q&A with Harper：No previous government has 'delivered more in the North'", *The Globe and Mail*, 17 January, 2014, http：//www. theglobeandmail. com/news/national/the-north/qa-with-harper-no-previous-government-has-delivered-more-in-the-north/article16387286/? page = all（accessed 21 March 2014）.

⑥ For an introduction to this debate, see for instance B. Gill, "From peaceful rise to assertiveness? Explaining changes in China's foreign and security policy under Hu Jintao", （Stockholm, Stockholm International Peace Research Institute）, *SIPRI working paper*, April 2013, http：//books. sipri. org/files/misc/SIPRI-Hu% 20Gill. pdf（accessed 14 June 2014）; and A. I. Johnston, "How new and assertive is China's new assertiveness?", *International Security*, vol. 37, no. 4（spring 2013）, 2013, pp. 7 – 48; and M. Yahuda, "China's new assertiveness in the South China Sea", *Journal of Contemporary China*, vol. 22, no. 81（May 2013）, 2013, pp. 446 – 459.

的关注显然也引发了一些北极国家、其亚洲邻国以及国际社会的担忧。①

　　大国政治以及上述危言耸听的言论，也许会让人觉得北极地区政治斗争激烈以及矛盾重重。但是，并不是所有人都持这种看法。中国问题专家雅各布森（Linda Jakobson）于 2013 年 5 月在英国《金融时报》发表评论文章，指出"对北京的北极目标不必忧虑"。② 21 世纪 00 年代末，挪威外长斯特勒（Jonas G. Støre）提出了"高纬度，低矛盾"的口号，有意调低警示的音量。笔者认为，尽管传统及非传统的安全问题将继续存在于北极地区并且无法被忽视，但合作可能会占据更加主导的地位。本文将探究环北冰洋的三个国家——美国、俄罗斯与挪威以及新的利益攸关国——中国的北极政策，对一系列可能导致冲突的指标和会增进稳定的指标进行考察，③ 并以此为基础展开论述。

---

　　①　See for instance L. Jakobson and J. Peng, "China's Arctic aspirations", (Stockholm, Stockholm International Peace Research Institute), *SIPRI Policy Paper No. 34*, November, 2012, 23 pages, http: //books. sipri. org/product_ info? c_ product_ id = 449 (accessed 21 July, 2014); National Institute for Defence Studies, "East Asian strategic review 2011", (Tokyo, The National Institute for Defense Studies), May 2011, 266 pages, http: //www. nids. go. jp/english/publication/east-asian/e-2011. html (accessed 21 July 2014); D. C. Wright, "Claiming the Arctic. China's Posturing Becomes Ever Clearer", *Defence News*, 1 July, 2012, http: //www. defensenews. com/article/20120701/DEF-FEAT05/307010006/Claiming-Arctic (accessed 14 June 2014); and I. Lundestad and ?. Tunsj?, "The United States and China in the Arctic", *Polar Record*, 2014, http: //journals. cambridge. org/action/displayAbstract? fromPage = online&aid = 9265992&fileId = S0032247414000291, (accessed 13 June 2014).

　　②　L. Jakobson, "Beijing's Arctic goals are not to be feared", *Financial Times*, 19 May 2013, http: //www. ft. com/intl/cms/s/0/3dfd6f16 – bef1 – 11e2 – 87ff – 00144feab7de. html # axzz34cAPuWd2 (accessed 14 June 2014).

　　③　In Norwegian discourse the terms "High North" and "Arctic" are often used interchangeably. "The High North" usually refers to the European parts of the Arctic. It is a much used term by Norwegian academics and policymakers and increasingly in international discourse about the north. In this paper I use the term "Arctic", and it includes the circumpolar north above the Arctic Circle.

二、关于合作与冲突的分析

有关国家间冲突与战争的理论包罗万象，包括影响国家领导人决策的不同因素以及国家间力量平衡的变化等。领土争议、资源争夺、地区战略地位以及军备竞赛往往在国家间冲突中处于核心地位。贸易投资合作以及国际组织的参与往往能够增进国家间关系的稳定。① 而北极地区在领土争议、资源、军事战略地位、军备竞赛、贸易投资和国际组织这些方面的情况又是如何呢？

领土：与一些北极争论得到的结论相反，北极地区的领土争端并不多。挪威和俄罗斯经过 40 年的谈判，于 2010 年就巴伦支海疆界划分达成一致。② 美国和俄罗斯已经就位于白令海以及楚科奇海的分界线达成一致，只是俄罗斯议会尚未批准。加拿大与美国就波弗特海尚存争议，并且对西北通道的法律地位看法不一：美国认为该通道属于国际海峡，而加拿大认为它是自己的内海。内尔斯海峡的汉斯岛是加拿大与丹麦之间的争议地区。对于这些国家来说，这些争议有时会对国家的认同政治起到一定作用，但是它们仅仅是外交进程中的议题，引发冲突的可能性不大。北冰洋沿岸国家希望能够将它们的大陆架延伸至 200 海里外，但这个进程需要符合国际法的规定。

资源：2000 年美国的一项地质调查项目发布了《世界石油评

① See G. J. Ikenberry, *After Victory: Institutions, Strategic Restraint, and the Rebuilding of Order after Major Wars*, Princeton, Princeton University Press, 2000.

② See the *Joint Statement on maritime delimitation and cooperation in the Barents Sea and the Arctic Ocean*, signed by President Dmitrii Medvedev and Foreign Minister Jonas Gahr Støre in Oslo on 27 March 2010, http://www. regjeringen. no/upload/UD/Vedlegg/Folkerett/030427_ english_ 4. pdf (accessed 21 July 2014). The ratification process was completed in 2011 and the agreement entered into force on 7 July 2011.

估》。对该报告广泛的解读认为北极地区拥有世界上 25% 的未勘探可开采的能量资源，引发了近期国际上对北极地区的兴趣。[①] 尽管如此，最近美国的页岩气革命推迟了预期中北极矿藏的开采。并且对环境的担忧，加上与深海工程相关的昂贵的技术和基础设施成本，使得大规模的北极离岸开采项目在近期难以实施。最有吸引力的油田很有可能位于北冰洋沿岸国家的专属经济区（EEZ）内，或者是位于无争议的大陆架上。[②] 至于北冰洋沿岸国家对于国外资本（包括来自新兴的亚洲利益攸关者的投资）参与北极能源这一战略性产业的开放度有多大，仍然是一个问题。北极地区矿物储藏同样很丰富。格陵兰岛有可能在未来成为一个主要的稀土出口地区。它正在与包括中国及其他亚洲国家在内的许多国家进行稀土提取投资的谈判。渔业是未来可能产生冲突的一个产业，其原因在于越来越多的国家正在建造远洋捕鱼的船队，而北冰洋的渔业资源并不充裕。

军事战略地位及军备竞赛：在两次世界大战以及冷战期间，北极地区都有极高的地缘政治及战略重要性。在两次世界大战期间，北冰洋是一个重要的补给线。在冷战期间，北极地区的军事战略地位更加重要。美苏双方都将北极作为战略轰炸机以及之后的洲际弹道导弹（ICBM）的空中突击路径，因此北极地区在核威慑战略中扮演了核心角色。挪威领土在此战略中是作为了美国及北约中程轰炸机的前沿基地。在 20 世纪 60 年代随着洲际弹道导弹的研发，前

[①] This assessment included some of the Arctic areas, USGS, "*US Geological Survey's World Petroleum Assessment 2000 – Description and Results*", http：//pubs. usgs. gov/dds/dds – 060/, 2000 (accessed 21 July 2014). See also USGS Circum-Arctic Resource Appraisal Assessment Team (2008), "*Circum-Arctic resource appraisal：Estimates of undiscovered oil and gas north of the Arctic Circle*", U. S. Geological Survey Fact Sheet 2008 – 2009, http：//pubs. usgs. gov/fs/2008/3049/fs2008 – 3049. pdf.

[②] See S. G. Holtsmark and B. A. Smith-Windsor (eds.), "Security prospects in the high north：geostrategic thaw or freeze?", (Rome：NATO Defence College Research Division：14), *NDC Forum Paper 7*, 2009, 201 pages; and D. H. Claes and A. Moe in K. Offerdal and R. Tamnes (eds.), *Geopolitics and security in the Arctic. Regional dynamics in a global world*, London, Routledge, 2014.

沿基地的作用逐渐减少，然而北极地区对于双方来说依然是情报搜集以及预警的重要前哨站。在整个冷战期间这个作用十分关键，时至今日仍然有一定重要性。[1] 20世纪70年代，苏联改变了其海洋战略，在科拉半岛大规模集结舰队，而西方作出了回应，北极地区的战略地位随之提升。一旦冲突升级，军事冲突爆发，该地区被认为是一个主要的冲突前线。[2] 与之类似，阿拉斯加和俄罗斯远东在冷战期间对美国和苏联的战略扮演了重要角色。尽管如此，需要注意的是，在两次世界大战和冷战期间，北极地区的军事冲突的目的是战略性地使用北极空间，而非控制北极地区。[3] 随着冷战的结束，世界上其他地区涌现的威胁以及危机掩盖了北极地区的重要性。但是，有两个问题仍然很有意义：北极冰盖的融化是否会导致该地区更多的军事行动？北极国家是否会因为国际关注和活动的增加而面对更大的风险，受到更多传统的及非传统的威胁？

国际制度和组织：冷战之后，北极地区的多边合作发展迅速。包括巴伦支欧洲—北极合作组织、北极理事会、北极军事环境合作组织等应运而生，推进了俄罗斯西北部核废料清理的合作。[4] 管理北极地区最重要的国际制度是《联合国海洋法公约》（UNCLOS）。与此同时，国际海事组织（IMO）及其制定的《极地规则》、区域捕鱼管理机制以及海岸警卫合作，都为该地区的合作与稳定作出了

---

① See for instance R. Tamnes, *The United States and the Cold War in the High North*, Dartmouth, Aldershot, 1991.

② K. Zysk, "Maritime Security: Interests and Rights in the Arctic", paper presented at the *International Order at Sea* workshop, IDSA, New Delhi, 21 May, 2012.

③ S. G. Holtsmark and R. Tamnes in K. Offerdal and R. Tamnes (eds.), *Geopolitics and security in the Arctic. Regional dynamics in a global world*, London, Routledge, 2014.

④ R. Tamnes, K. E. Eriksen, "Norge og NATO under den kalde krigen", in C. Prebensen and N. Skarland (eds.), *NATO 50 år. Norsk sikkerhetspolitikk med NATO gjennom 50år*, Oslo, Den norske atlanterhavskomité, 1999, http://www.atlanterhavskomiteen.no/files/atlanterhavskomiteen.no/Tema/50aar/1a.htm (accessed 21 July 2014); O. Riste, *Norway's Foreign Relations. A History*, Oslo, Universitetsforlaget, 2005; J. Børresen, G. Gjeseth and R. Tamnes, *Norsk forsvarshistorie*, bd. 5: *1970–2000*, Bergen, Eide Forlag, 2004.

贡献。

贸易和投资：除了对石油、天然气和矿物的投资外，未来极具战略地位的连接北太平洋和北大西洋的海上航线的开发，对世界贸易十分重要，并能够增强北极国家和包括中国在内的亚洲新兴利益攸关者的经济合作。根据估算，西北航道或者东北航道能够将亚洲和欧洲之间的航线缩短 40%，但目前航运数量仍然有限，成规模的商业可行性尚不明朗。假如北冰洋沿岸国家以及亚洲利益攸关者有着共同的贸易和投资利益，围绕北极航道的合作极有可能加强。

以下将仔细研究美国、俄罗斯、挪威和中国这四个国家的政策以及相关的冲突和合作的指标。

三、俄罗斯在北极

俄罗斯是北极的一个主角。俄罗斯在 2008 年发布的《北极战略》中显示了北极发展是其一个主要国家目标，其中的重点在于资源开发、安全和稳定、北海航线（NSR）以及可持续发展。[①] 俄罗斯将北极称作重要国家利益，并正在对军事力量进行升级以保证其在北极的利益。[②] 2013 年 9 月，北方舰队在旗舰"彼得大帝"号的带领下沿北方海航道进行了航行，位于新西伯利亚群岛的一个

① See K. Zysk, "Russian national security strategy to 2020", http://www. geopoliticsnorth. org/index. php? option = com_ content&view = article&id = 84&limitstart = 2, 2009, (accessed 21 July 2014); and the strategy in Russian: Security Council of the Russian Federation, "Principles of State Policy of the Russian Federation in the Arctic up to 2020 and Beyond" (in Russian), http://www. scrf. gov. ru/documents/98. html, 2008 (accessed 21 July, 2014).

② S. Blank and Y. Kim, "The Arctic and New Security Challenges in Asia", *Pacific Focus*, Vol. XXVIII, No. 3, December, 2013, pp. 319 – 342.

苏联军事基地重新投入使用，它对监控北方海航道意义重大。① 通过设施的升级，北方舰队正在为北方海航道更多的商业活动进行准备，并维护俄罗斯在北极的战略利益。2013 年 12 月，普京总统呼吁加强在北极的军事存在。② 俄罗斯当局强调这样的军事准备是为了打击海洋恐怖主义、走私和非法移民，并且保护海洋生物资源。在俄罗斯的北极战略文件中，当局通过强调维护北极的和平与合作，指出区域双边及多边合作的重要性，明确了该文件的合作性。③

俄罗斯是《联合国海洋法公约》坚定的支持者，并且表态在北极争议中将遵守国际法。俄罗斯预期国际海事组织的《极地规则》能够顺利完成，并考虑为此对国家法律进行调整。④ 俄罗斯对北方海航道的主权主张或许会导致一些摩擦。俄罗斯法律将北方海航道沿线的群岛视为本国内海，并对这些岛屿部分主张主权。⑤ 美国和欧盟认为北海航道是《联合国海洋法公约》规定的国际海峡，并不认同俄罗斯无限制的管理权。中国目前尚未就此表达过官方立场。

俄罗斯对于中国以及其他寻求北极事务中发挥更大作用的亚洲

① A. Staalesen, "In remotest Russian Arctic, a new navy base", *BarentsObserver*, 17 September, 2013, http：//barentsobserver. com/en/security/2013/09/remotest-russian-arctic-new-navy-base – 17 – 09 (accessed 14 April, 2014).

② T. Røseth, "Russia's China policy in the Arctic", *Strategic Analysis* Special Issue (forthcoming 2014).

③ See K. Zysk, "Russian national security strategy to 2020", http：//www. geopoliticsnorth. org/index. php? option = com_ content&view = article&id = 84&limitstart = 2, 2009 (accessed 21 July, 2014).

④ For information about the polar code：IMO, "Shipping in polar waters", http：//www. imo. org/MediaCentre/HotTopics/polar/Pages/default. aspx (accessed 21 July, 2014).

⑤ Internal waters include the sea lanes going through to the archipelagos of Novaya Zemlya, Severnaya Zemlya and the East Siberian Islands and their connection to the mainland. The area between Wrangel Island and the mainland is not defines as internal waters. See：W. Østreng et. al., *Shipping in Arctic Waters：A Comparison of the Northeast, Northwest and Trans Polar Passages*, Heidelberg：Springer-Verlag, 2013, p 18.

国家来说，既可以是守门员也可以是开门人。有观点认为，亚洲国家对北极事务的参与能够提高俄罗斯的地位。[1] 俄罗斯曾经不情愿接纳中国成为北极理事会的正式观察员，但是在 2013 年于基律纳召开的北极理事会会议上改变了立场。俄罗斯反对中国成为北极理事会成员的一个原因，是北京并没有一个恰当的北极战略，而且中方的语言表述造成了其在北极事务和北极领土主权问题上的立场不确定性[2]。俄罗斯不能容忍中国对俄罗斯主权管辖范围内的事务和其作为沿岸国家的权利施加影响。俄罗斯海军上将维索斯基（Vladimir Vysotsky）在 2011 年 7 月明确指出，俄罗斯在北极的经济利益受到了来自北约和中国的威胁。[3] 然而当北极理事会 2011 年在努克会议上商定了接纳观察员的标准，并规定了观察员必须尊重北极国家的主权以及相关海洋法之后，俄罗斯于 2013 年在基律纳会议上同意了接纳新观察员。[4]

俄罗斯对中国申请的同意同时还反映了莫斯科与北京的总体双边关系。自从 20 世纪 90 年代起，中俄关系稳步提升。俄罗斯不仅接纳了中国成为北极理事会的正式观察员，近期的中俄北极能源协定说明了双边关系在北极议题上也有提升。俄罗斯很期待发展与中国和日本的能源合作，一部分是为了减少对欧洲的能源依赖。作为俄罗斯石油公司和中国国家石油公司的合作的一部分，俄罗斯石油公司邀请中国石油公司开发巴伦支海和伯朝拉海的离岸油田，并且提议进行岸上油田开采的合作。[5]

---

[1] S. Blank and Y. Kim, "The Arctic and New Security Challenges in Asia", *Pacific Focus*, vol. XXVIII, no. 3, December, 2013, pp. 319–342.

[2] T. Røseth, "Russia's China policy in the Arctic", *Strategic Analysis* Special Issue (forthcoming 2014).

[3] Ibid.

[4] Ibid.

[5] R. Katakey and W. Kennedy, 'Russia Lets China Into Arctic Rush as Energy Giants Embrace', *Bloomberg*, 25 March, 2013, http://www.bloomberg.com/news/2013-03-25/russia-cuts-china-into-arctic-oil-rush-as-energy-giants-embrace.html, (accessed 21 June, 2014).

俄罗斯于 2012 年加入了世界贸易组织，使得该国市场对于国外投资者更加开放。然而乌克兰危机以及俄罗斯的克里米亚政策，对于俄罗斯和欧洲以及北约的关系来说是一个问题。随之而来的制裁，也可能令潜在的国外投资者因担心而放弃投资。俄罗斯在乌克兰的行动同样不符合中国不干涉他国内政的基本外交宗旨，会对中俄关系产生挑战。

四、中国在北极

中国尚未发布针对北极政策的官方文件，这很有可能表明该地区对于北京来说并不是外交重点。① 然而中国在北极的行动日益增多，它对一些北极国家的能源工程都有投资，对北方海航道有浓厚兴趣，并且有一个迅速拓展的科学考察计划，其中包括设立在斯瓦尔巴群岛的研究站以及"雪龙"号科考船在北极的航行。② 中国不断增加的活动可能会促使中国政府发布官方文件，以明确中国在北极事务中的立场。2009 年 7 月，外交部部长助理胡正跃在参加北极研究之旅期间，于斯瓦尔巴群岛做了题为《中国北极政策》的演讲。中国外交部网站于 2010 年 7 月刊发了此次演讲，并对内容进行了扩充，并将标题定为《中国对于北极合作的看法》，③ 这表

---

① L. Jakobson, 'China wants to be heard on Arctic issues', *Global Asia*, vol. 8, no. 4, 2013, pp. 98 – 101.

② On the increased research interest, see I. Stensdal, Asian Arctic Research 2005 – 2012: Harder, Better, Faster, Stronger', (Lysaker, Fridtjof Nansen Institute), *FNI report 3/13*, p. 39. For a general introduction on China in the Arctic: L. Jakobson and J. Peng, 'China's Arctic aspirations', (Stockholm, Stockholm International Peace Research Institute), *SIPRI Policy Paper No. 34*, November, 2012.

③ Chinese MFA, 'China's view of Arctic cooperation', http://www.fmprc.gov.cn/mfa_eng/wjb_663304/zzjg_663340/tyfls_665260/tfsxw_665262/t812046.shtml, 30 July 2010, (accessed 21 July, 2014).

明了中国对于北极事务的官方态度。中国在申请成为理事会观察员时，也提交了以上演讲和文件。中央政府并未发布权威的北极战略，因此中国的北极政策仍有不确定性，这引发了一些北冰洋沿岸国家——尤其是俄罗斯——的怀疑态度，一直到北极理事会在基律纳的会议召开，这种疑虑还没有消除。由于没有官方战略，危言耸听的言论影响到了中国北极问题的公共争论，也影响到了其他国家对于中国北极政策的观察。[1] 与此同时，外交部部长助理胡正跃明确表示，中国在成为北极理事会正式观察员后，会支持现今的北极法律框架，并且尊重北冰洋沿岸国家的主权。[2] 事实上中国外交政策近二三十年来最显著的变化之一，是中国加入了更多的国际组织和协定，因此中国作为正式观察员加入北极理事会并不令人意外。当然，和大多数国家一样，中国加入国际组织是为了争取国家利益。

近年来中国的外交政策经常被认为比较主动，并有可能在亚太地区展开军备竞赛。[3] 中国的外交政策在其邻国间产生了不确定性，而中国和俄罗斯在过去的十年中国防支出增长都超过一倍。然而中国和十年前一样，国防支出仅占国内生产总值的2%，而日本也一直遵守着其长期1%的限额，军备竞赛的理论似乎站不住脚。[4] 除此之外，一份2011年防卫研究所的北冰洋研究报告指出："很难想象俄罗斯、美国和加拿大这样的国家难以在自己的内海上保证充

---

① I. Lundestad and Ø. Tunsjø, 'The United States and China in the Arctic', *Polar Record*, 2014, http://journals.cambridge.org/action/displayAbstract? fromPage = online&aid = 9265992&fileId = S0032247414000291, (accessed 13 June, 2014).

② Ibid.

③ A. Tan, *The Arms Race in Asia: Trends, causes and implications*, Oxon, Routledge, 2014.

④ S. Perlo-Freeman, and C. Solmirano, 'Trends in World Military Expenditure, 2013', (Stockholm, Stockholm International Peace Research Institute), *SIPRI Fact Sheet*, April 2014, 8 pages, http://books.sipri.org/product_info? c_product_id =476, (accessed 21 June, 2014).

分的安全"。①

如今中国是一个有着全球利益的全球博弈者，因此北冰洋沿岸国家应做好中国在区域内扮演更重要角色的准备。中国对于北极日渐增加的兴趣和活动主要是出于科研考虑，石油、航运以及矿物质上的商业利益，以及外交和法律上的关切。② 中国早已对北极研究作出了贡献，③ 而且如果北方海航道发展成为了商业可行的航线，中国作为世界最大的出口国并拥有巨大的航运造船能力，必定会成为主要参与者。中国于 2008 年租借了朝鲜的罗先港，因而得以进入日本海并在未来可能对使用北方海航道起到重要作用。④

渔业可能会产生摩擦，尤其是当中国的渔船能够进入北冰洋时。如今中国拥有世界上最大的远海捕鱼船队，在非洲、南美和南极洲都进行了捕捞。据说中国在对联合国粮农组织（FAO）的报告中，少报了其远海捕捞数量，⑤ 尤其是在非洲沿岸的捕捞。⑥ 俄

---

① National Institute for Defence Studies, 'Maintaining the order in the Arctic Ocean' in *East Asian Strategic Review*, *2011*, （Tokyo, The National Institute for Defence Studies and The Japan Times）, May 2011, pp. 57 – 85.

② I. Lundestad and Ø. Tunsjø, 'The United States and China in the Arctic', *Polar Record*, 2014, http：//journals. cambridge. org/action/displayAbstract？ fromPage = online&aid = 9265992&fileI d = S0032247414000291, （accessed 13 June, 2014）.

③ One of many Arctic research projects with Chinese participation is the Norwegian run AMORA project, which overall goal is to increase the understanding of the surface energy balance of the ice-covered Arctic Ocean. The Norwegian Polar Institute is in charge of the project, working together with scientists from the Polar Research Institute of China, the Dalian University of Technology and other international partners. See NPI, 'Kick-off Workshop for the Norwegian-Chinese research project AMORA arranged in Shanghai', http：//www. npolar. no/en/news/2009/2009 – 12 – 14 – kick – off – workshop-amora. html, 14 December 2009, （accessed 14 April, 2014）.

④ L. Jakobson and J. Peng, 'China's Arctic aspirations', （Stockholm, Stockholm International Peace Research Institute）, *SIPRI Policy Paper No. 34*, November, 2012, p. 23.

⑤ J. Vidal, 'Chinese fishing fleet in African waters reports 9% of catch to UN', *Guardian*, 3 April, 2013, http：//www. theguardian. com/environment/2013/apr/03/chinese-fishing-fleet-african-catch, （accessed 15 June, 2014）.

⑥ European Parliament, *The Role of China in World Fisheries*, Brussels, European Union, 2012.

罗斯海岸警卫部队曾数次扣押了中国的渔船及其船员。① 然而目前北冰洋并没有太多的鱼类可供捕捞。②

五、美国在北极

由于阿拉斯加州的存在，美国也是北冰洋沿岸国家之一。该地区在冷战期间对于美国的军事战略极为重要，但是冷战结束后该地区对于美国的战略地位有所下降。到了2008年前后，北极问题才在美国的政策圈子内得到了更多的重视。小布什政府对美国的北极政策进行了修正，并于2009年颁布了国家及国土安全的总统令。奥巴马政府继承了2009年的总统令，并且对北极政策作出了一些新的声明。③ 美国尚未批准《联合国海洋法公约》，但是将其中一些核心内容视为习惯国际法，同时也认为没有必要设计出任何全新的全面法律制度以治理北极。

美国的北极政策确认其在北极拥有"广泛而根本的国家安全利益"以及"根本的国土安全利益"。④ 美国国防部长哈格尔最近声明："北极的重要性与日俱增，无论变化的速度和范围如何，我们都必须做好准备，努力实现在该地区的战略目标。"⑤ 近年来，美国的海洋政策、国防战略以及四年国防报告都明确地将北极包括

① C. Clover, 'Russia detains 36 Chinese fishermen', *Financial Times*, 18 July, 2012, http: //www. ft. com/intl/cms/s/0/2012ee1e – d08f – 11e1 – 99a8 – 00144feabdc0. html#axzz34kB88cLH, (accessed 15 June, 2014).

② See FAO, 'The State of World Fisheries and Aquaculture 2013', *FAO*, Rome, 2013.

③ I. Lundestad and Ø. Tunsjø, 'The United States and China in the Arctic', *Polar Record*, 2014, http: //journals. cambridge. org/action/displayAbstract? fromPage = online&aid = 9265992&fileId = S0032247414000291, (accessed 13 June, 2014).

④ Ibid.

⑤ US Department of Defense, 'Arctic strategy' November 2013, p. 1, http: //www. defense. gov/pubs/2013_ Arctic_ Strategy. pdf, (accessed 14 April, 2014).

在内。美国的统一指挥计划改变了北极的指挥结构，该地区将由美国北方司令部以及欧洲司令部分别负责，而太平洋司令部不用负责该地区。①

总体的看法是："美国在北极地区的国家安全利益反映了该地区相对较低的威胁，因为该地区的国家不仅公开地承诺在国际法以及外交对话的共同框架内行动，而且还在过去的 50 年内展现了能够信守该承诺的能力以及态度。"②

美国在幕后对中国、印度、日本、韩国以及新加坡获得北极理事会正式观察员席位起到了建设性的作用。作为中美战略经济对话的一部分，美国与中国在 2010 年就海洋法和极地问题开始了一年一次的双边对话。第五届美中海洋法及极地问题对话于 2014 年 3 月在中国展开。来自美国和中国的外交及海洋部门的专家就大洋、海洋法以及极地地区中的广泛议题交换了意见。③

六、挪威在北极

高北地区对于挪威来说有着极为重要的战略地位，这主要由两个因素所决定。第一个因素与该地区的经济潜能相关。挪威渔业资源很大的一部分位于巴伦支海，该地区同时也是石油和天然气的来源。因此北极地区长期以来一直是挪威经济的重要支柱，在未来仍

---

① H. A. Conley et. al, 'The New Foreign Policy Frontier: U. S. Interests and Actors in the Arctic', (Washington, DC, Center for Strategic and International Studies), *Center for Strategic and International Studies Europe Program Report*, March, 2013, p. 9.

② US Department of Defense, Report to Congress on Arctic operations and the northwest passage', May 2011, p. 8, http://www.defense.gov/pubs/pdfs/Tab _ A _ Arctic _ Report _ Public. pdf, (accessed 15 April, 2014).

③ US Department of State, 'The United States and China Complete Dialogue on Law of the Sea and Polar Issues', April 1, accessed 15.04.2014 at http://www.state.gov/r/pa/prs/ps/2014/04/224280. htm, 1 April 2014, (accessed 15 April, 2014).

将发挥重要作用。第二个因素是挪威高北地区毗邻俄罗斯，有着重要的地缘政治地位。在历史上，挪威与前苏联和俄罗斯的关系相对良好，甚至冷战时期也如此。然而，俄罗斯一直是一个在北极有着巨大经济和安全利益的不可预知的邻国。尽管挪威和俄罗斯在北极地区有一些共同利益，但争议同样存在，尤其是关于挪威在渔业保护区以及未来在斯瓦尔巴群岛附近大陆架的资源管理问题上有着分歧。对于挪威来说，依赖北约制衡俄罗斯而同时与俄罗斯就北极事务进行合作非常重要。2010年挪威与俄罗斯达成了边界划分的协议，由此挪威的国界已划定，包括北极地区。挪威和俄罗斯的国家利益或许不同，但在巴伦支海渔业资源保护及管理的问题上，防止过度捕捞符合两国共同的利益。由于良好的合作，挪威和俄罗斯于20世纪70年代初期商定了一个渔业管理机制。在此项合作中，挪威海岸警卫队和俄罗斯相关部门的出色合作起到了防止冲突的重要作用。[1]

挪威的斯托尔滕贝格（Stoltenberg）政府于2005年宣布高北地区是挪威外交政策的战略重点。[2] 一年之后挪威政府开始实施高北地区战略。[3] 挪威展开了非常积极主动的北极外交，为知会挪威的战略重点、制定高北地区事务的议程、树立自身的主要博弈者地位，以及获取对自身观点和利益的理解，创设了与重要盟友对话的平台。这样的外交努力开始于21世纪00年代中期，起初只包括重要盟友，而在21世纪00年代末期，外交范围有所拓宽，包括了寻求北极理事会正式观察员地位的亚洲国家。挪威与一些亚洲国家开展了北极对话。

---

[1] A. - I. Skram and J. G. Gade, 'The Role of Coast Guards in Conflict Management: The Norwegian Experience', *International Order at Sea* Workshop, Washington D. C., 8 May, 2013.

[2] Soria Moria Declaration, 'Plattform for the government cooperation between the Labour Party, Socialist Left Party and the Centre Party September 2005' in Norwegian, http: //www. regjeringen. no/upload/SMK/Vedlegg/2005/regjeringsplatform_ SoriaMoria. pdf), (accessed 19 February, 2014).

[3] Norwegian MFA, *The Norwegian Government's High North Strategy*, Oslo, Ministry of Foreign Affairs, 2006.

以下原因是促使挪威对于亚洲国家更多参与北极事务持欢迎态度。首先，挪威认为应当尽早与新的利益攸关者进行对话，以达成对北极事务的共识。其次，挪威认为亚洲国家拥有北极科研的经济基础以及专业水平，其参与北极事务的潜力超出现有参与度。[①] 挪威与所有亚洲国家就气候变化研究上的共同利益是一个显而易见的例子。第三，相关亚洲国家是挪威重要的贸易伙伴，而贸易包括与北极相关的产业。最后，与亚洲国家不同形式的北极外交，给予挪威与两个新兴巨人——中国和印度以及三个经济强国——日本、新加坡和韩国就经济合作和其他有着共同利益的外交议题展开讨论的平台。[②]

七、结论

本文对于北极地区合作与冲突简短的分析，固然不能涵盖北极问题的复杂性，但是仍然可以得出北极是一个"低矛盾的地区"的结论。绝大多数领土争议已经得到解决；绝大多数自然资源、石油和天然气位于无争议水域，而非争议地区。北冰洋沿岸国家能够进行合作，例如在渔业的事务上，即使是冷战期间也如此。它们是出于共同利益，并且建立了有效而更加稳定的国际组织，以预防冲突的发生和升级。国际组织和制度维护了北极的稳定，尤其是《联合国海洋法公约》。沿岸国家的确有各自的法理主张，但是由于北极主要是由海洋组成，各国都同意根据 2008 年《伊卢利萨特

---

① Norwegian Government, 'The High North. Visions and strategies', *White Paper No. 7, 2011 -12*, 2011, http：//www. regjeringen. no/nb/dep/ud/dok/regpubl/stmeld/2011 - 2012/meld - st - 7 - 20112012 -2/4. html? id =697747, (accessed 25 September, 2013).

② The main sections on Norway's Arctic policy are taken from J. I. Bekkevold and K. Offerdal, 'Norway's High North Policy and New Asian Stakeholders', *Strategic Analysis*, Special Issue, (forthcoming).

宣言》的精神，按照《联合国海洋法公约》作为裁定边界争议和大陆架划分的合理法律框架。北极理事会的新任亚洲观察员同样接受以上宗旨。

在 2013 年的北极理事会基律纳会议上，北冰洋沿岸国家对于新的亚洲利益攸关者起初的怀疑态度发生了转变。如今北极国家普遍接受亚洲国家能够对该地区的科研和发展起到积极作用的认识。除了北极理事会这一对话平台之外，大多数国家就北极事务开展了双边对话，这不仅仅是在北冰洋沿岸国家之间，还包括北极国家与亚洲国家之间。

北极地区更多的人类活动以及北极航运更高的价值或许会导致非传统的安全威胁，比如人类援助与灾害救援（HADR）以及搜救工作。北极国家认识到，目前的灾害救援与搜救水平难以应付北极地区日益增加的人类活动的需要。然而这样的非传统安全威胁往往能促成相关国家的合作，近年亚洲的大规模灾害救援合作就是例子。大多数相关国家长期有着紧密的海岸警卫队合作，不仅是挪威和俄罗斯之间，还包括日本于 2000 年设立的北大西洋海岸警卫论坛（NPCGF）。这是一个就联合行动、信息共享、打击毒品走私、海洋安全、渔业管理、打击非法移民和海洋警戒事务的多边合作平台，现有成员包括加拿大、中国、日本、韩国、俄罗斯和美国的相关部门。

北极地区稳定的最大威胁是美国、俄罗斯和中国这三个大国的关系恶化造成的对北极地区合作和稳定的负面溢出效应。2014 年乌克兰危机或许会对北极安全有一定影响，因为其他北极国家冻结了与莫斯科的官方军事关系，长期的制裁和军事对话的缺少，有可能使得北极地区的冲突管理复杂化。

东亚国家对北极的关切与北极国家复杂心态分析

张　沛[*]

随着全球化的深入发展和北极气候变暖及北极冰层的加速融化，北极正处于加速变化过程中，日益从全球地缘政治、经济的边缘转向地缘政治、经济的中心。北极因其蕴藏丰富的能源矿产资源和潜在的新航路开发的巨大前景，受到北极国家和非北极国家特别是东亚国家越来越多的关注。由于地理上的邻近性、经济发展模式的相似性以及极地科考的持续性，东亚国家（中、日、韩）与北极存在着天然的联系，是北极事务的"利益攸关者"。在2013年5月瑞典基律纳会议上，东亚国家被接纳为北极理事会的正式观察员，这为东亚国家参与北极治理提供了更多的机遇，但同时也面临着更深刻的挑战，最大的挑战在于北极国家对东亚国家参与北极事务心态复杂，既有需求和期待，又有焦虑和不安，这在民间表现得最为明显。东亚国家应当清醒认识，加强合作，优势互补，更加全面和广泛地参与北极治理，体现出东亚国家在北极治理上更多的话语权和贡献。

──────────

* 张沛，上海国际问题研究院海洋与极地研究中心副主任、博士。

一、加速变化中的北极

从北极地区自有人类居住迄今的历史来看，北极经历了一个不断从地缘政治、经济边缘向地缘政治、经济中心转变的曲折历程，其对全球政治、经济、环境的重要性正在日益显现。

早在一万多年以前，就已经有人类居住在北极地区，但在长达几千年的时间里，北极一直被视为遥远的"不毛之地"，是世界的边缘。北极真正进入人类的视野，是在中世纪后期。伴随着地理大发现和对神秘东方的向往以及 15 世纪中叶奥斯曼帝国兴起导致的通往东方商业旅行道路被阻断的影响，欧洲开始探索新的航路和扩张，并将人类对北极的探索推到了一个前所未有的深度和广度，积累了大量关于北极地区的知识。北极作为独特的地缘政治和地缘战略的重要性，在第二次世界大战期间和冷战时期得到了充分展现。

气候变化和全球化的飞速发展从根本上改变了北极的政治和经济地位，北极地缘政治再现其重要性，并展现出更为诱人的地缘经济前景。这主要源于气候变化导致的北极生态环境保护问题，重要资源潜在的巨大利益，新航路开发的广阔前景。

北极地处高纬度地区，终年寒冷，年平均气温变化小。但在最近的 30 年里，北极经历了有史以来最剧烈的气候变化，其气温升高速度是世界其他地区的 2 倍。北极地区持续变暖，对北极地区生态环境带来严重影响，导致北极大气、海洋、海冰、冰盖、积雪、永久冻土以及当地的物种种类和数量、食物链、生态系统的变化，最明显的后果就是海冰的迅速融化和消失。

与此同时，北极地区冰雪的加速融化，也使得世界与北极的距离进一步拉近了，随着人们更容易接近这一地区蕴藏的资源，北极地区的地缘政治态势也随之发生了根本改变。① 北极地区蕴藏着极具经济和战略价值的丰富资源。根据美国地质调查局 2008 年的评估报告，北极可能储存着 900 亿桶石油和 1669 万亿立方英尺天然气，两者分别占全球尚未开发的石油和天然气储备的 13% 和 30%。② 此外，北极还拥有丰富的天然气水合物、煤炭资源和其他重要矿藏资源以及渔业资源。北极是世界海产品的主要供应地之一。

航道开发的广阔前景也日趋明朗，随着全球气候变暖和北极海冰的大面积缩水，北极航道商业运行的前景越来越具有现实性。从 16 世纪到 19 世纪期间，欧洲大陆的冒险家、探险者、科学家和商人纷纷涌入北极，锲而不舍地寻求从欧洲经过北极到中国的新航路，相继打通了西北和东北连接欧亚大陆的两条重要航线，但因北极地区常年冰雪覆盖，缺乏商业航运价值而未能成为现实。随着北极海冰加速融化，北极"无冰期"在不断延长，通过北极的商业航运越来越具有可能性。北极航道是联系东亚、欧洲北部和北美最具经济活力和潜力地区的潜在最短航线，其通航将在一定程度上改变世界航运格局。

北极的发展进程，改变了长期以来人们所固有的北极"冰冻荒漠"（frozen desert）的观念，强化了"变化中的北极"（Arctic in Change）观念，并且处于不断加速的变化过程中。北极变化不仅仅是一个地区性问题，还是全球性的大问题。③ 北极问题逐步中心化，区域问题日益全球化，促使国际社会越来越多地关注北极。

① *Climate Change and International Security*，Paper from the High Representative and the European Commission tothe European CouncilS113/08，14 March 2008，http：//www. consilium. europa. eu/ueDocs/cms_ Data/docs/pressData/en/reports/99387. pdf.

② USGS 2008. "Circum-Arctic Resource Appraisal: Estimates of Undiscovered Oil and Gas North of Arctic Circle," USGS Fact Sheet 2008 - 3049，http：//pubs. usgs. gov/fs/2008/3049/fs2008 - 3049. pdf.

③ 世界自然基金会（WWF）：《北极气候反应：全球性影响》，http：//www. wwfchina. org/wwfpress/presscenter/pressdetail. shtm？id = 919。

二、东亚国家对北极的关注及其政策

北极是全球气候变化最脆弱和最敏感的地区，北极气候变化既对全球气候产生重大影响，而全球气候变暖也会对北极气候带来重大负面影响。北极丰富的矿产资源和不断拓展的新航路对全球经济发展具有重大价值，特别是对资源依赖进口国具有更大的吸引力。东亚国家（中、日、韩）均处于北半球，都属于"近北极"国家。由于地理上与北极的邻近性、经济发展模式的相似性以及极地科考的持续性，东亚国家与北极存在着天然的联系，是北极事务的"利益攸关者"，对北极事务也更加关注。

首先，北极的自然环境变化会对全人类生存环境产生重大影响，而中、日、韩因与北极相邻，受到的影响也就更为严重。近年来，中国相继发生了南方低温雨雪冰冻灾害、长江中下游地区春夏连旱、南方暴雨洪涝灾害、沿海地区台风灾害、华西秋雨灾害和北京严重内涝等诸多极端天气气候事件，给经济社会发展和人民生命财产安全带来较大影响。[①] 韩国则在2012年的冬天遭遇极寒天气，而夏天却异常炎热和潮湿，这种极端天气至少影响到韩国30万家庭的生活。[②] 日本近年来也进入灾害天气高发期，频遭暴雨、暴

---

① 国家发展和改革委员会：《中国应对气候变化的政策与行动 2012 年度报告》，http：//news. cntv. cn/china/20121126/109060. shtml。

② H. E. Mr. Byong-hyun Lee, *Korea's Arctic Policy-A Korean route towards the Arctic frontier*, http：//www. google. com. hk/url? sa = t&rct = j&q = korea + arctic&source = web&cd = 5&ved = 0CEgQFjAE&url = %68%74%74%70%3a%2f%2f%77%77%77%2e%61%72%63%74%69%63%2d%66%72%6f%6e%74%69%65%72%73%2e%63%6f%6d%2f%69%6e%64%65%78%2e%70%68%70%3f%6f%70%74%69%6f%6e%3d%63%6f%6d%5f%64%6f%63%6d%61%6e%26%74%61%73%6b%3d%64%6f%63%5f%64%6f%77%6e%6c%6f%61%64%26%67%69%64%3d%37%31%34%26%49%74%65%6d%69%64%3d%33%30%36&ei = AF69UYGlHYeKkwXwm4GQBQ&usg = AFQjCNGOu7ePDt1K68DneqA92kmiYivF – Q.

雪、冰雹、泥石流等自然灾害的袭击。研究表明，中、日、韩等中纬度地区国家极端气候的频发，与北极气温上升，减慢环绕全球的高速气流有关。①

其次，东亚国家均属能源资源需求国家，对外依存度高，需求量大，北极丰富的能源资源是东亚国家保持可持续发展的重要选择。根据中国石油经济技术研究院最新发布的《2014年国内外油气行业发展报告》，2014年，中国石油对外依存度接近60%，天然气对外依存度上升至32.2%。② 随着中国经济步入新常态，中国油气对外依存度不会进一步急剧升高，但仍会保持较高的对外依存度。韩国则是能源极度匮乏的国家，能源对外依存度高达96%，石油完全靠进口，还是世界上第二大天然气进口国。③ 同样，日本也是能源严重依赖进口国家，是世界第三大石油消费国，东亚地区最大的天然气进口国。特别是在2011年3月东部大地震和福岛核电站事故后，日本关闭了大多数核电站，对石油和天然气依赖程度进一步加剧。根据2013年日本政府发布的《能源白皮书》，2013财年日本对化石燃料能源的依赖度达到88%，高于20世纪能源危机时的80%。④ 就进口来源地而言，三国油气进口主要还是来源于中东。北极丰富的能源对中日韩三国而言，具有保障能源多元化和安全的重要意义。

第三，东亚国家均为贸易大国，对外贸易占据重要地位，对贸

---

① "中纬度天气或与北极融冰有关"，《科技日报》，2014年1月6日。

② "报告：中国2014年石油对外依存度接近60%"，中研网：http://www.chinairn.com/print/4202361.html。

③ Linda Jakobson and Syong-hong Lee, *Report prepared for the Ministry of Foreign Affairs of Denmark*, p. 28, http://www.google.com.hk/url? sa = t&rct = j&q = &esrc = s&frm = 1&source = web&cd = 41&ved = 0CGAQFjAKOB4&url = http% 3A% 2F% 2Fwww.sipri.org% 2Fresearch% 2Fsecurity% 2Farctic% 2Farcticpublications% 2FNEAsia-Arctic% 2520130415% 2520full.pdf&ei = rPudUvmqO - SY4wTboIG4CQ&usg = AFQjCNEINg-GzENnqAUQGO6C - .

④ "日本担忧能源过度对外依赖"，新华网：http://news.xinhuanet.com/world/2014 - 06/17/c_ 1111181279.htm。

易航道的畅通和安全有着巨大的关切，而北极新航路的开发前景为东亚国家提供了新的贸易通道可能。中国在 2013 年就已成为世界上最大的贸易国家，对外贸易依存度达 50% 左右。韩国对外贸易则占到其国内生产总值的 56.2%。[①] 日本作为海洋国家，历来对海上通道的畅通和安全极为关注。而随着北极海冰的加速融化，北极航道全年通航越来越具有现实意义，它不仅能够缩短从东亚到北欧和北美的航路，而且能够将最具活力的经济体更便捷地联系起来，展现出巨大的经济潜力。

第四，中、日、韩三国都对北极科考进行了持续而卓有成效的努力，对北极科学研究作出了重要贡献。中、日、韩并非外界所想象的都是北极的"新来者"，事实上，中日都较早参与了北极事务和北极科考。而在近 20 年来，三国都加大了北极科考的力度。日本是《斯匹茨卑尔根条约》的创始会员国，中国则在 1925 年成为该条约的签字国。中国早在 1951 年就有学者到北极从事地磁测量工作。1995 年由中国科学技术协会、中国科学院组织领导的中国第一支北极探险考察队对北极进行了探险考察。1996 年，中国加入北极科学委员会（IASC）。1999 年，中国政府开始组织对北极的大规模综合考察活动，迄今为止，中国对北极共进行了六次综合考察。2004 年，中国在斯瓦尔巴群岛地区建立了科学考察站——黄河站，常年连续开展北极高层大气物理、海洋与气象学观测调查。

日本从事北极科学研究则长达半个世纪之久，从 20 世纪 50 年代开始，日本就有学者和科研人员对北极进行观测，并持续参与了欧美相关科研项目。70 年代日本成立了国立极地研究所（NIPR）。1990 年日本成立了北极圈环境研究中心（AERC），并在 1991 年在

_____

　　① Linda Jakobson and Syong-hong Lee, *Possible Cooperation with the Kingdom of Denmark: Report prepared for the Ministry of Foreign Affairs of Denmark*, p. 29, http://www.sipri.org/research/security/arctic/arcticpublications/NEAsia-Arctic.pdf.

东亚国家对北极的关切与北极国家复杂心态分析

挪威的新奥尔松建立了科考站。① 此外，日本专家还参与了北极理事会"监测与评估工作组"（AMAP）项目。为加强对北极气候变化评估和环境研究，日本还创建了"卓越绿色网络"（Green Network of Excellence，GRENE）规划和"北极环境研究协会"（Consortium for Arctic Environmental Research，JCAR），以加强日本对北极气候和环境研究能力和合作。②

韩国虽参与北极科考事务较晚，但近十多年来也取得了很大成就。韩国最早的北极活动是在 1966 年，该国渔船在白令海峡从事渔业活动。韩国对北极的科学考察活动开始于 20 世纪 80 年代末，1987 年韩国成立了极地研究实验室（the Polar Research Laboratory，PRL），20 世纪 90 年代，韩国科学家分别参加了中日两国科考队对北极进行了考察。③ 韩国独立科考活动始于 21 世纪初，2001 年，韩国成立了北极科学委员会，次年加入了国际北极科学委员会，同年还在新奥尔松建立了茶山（Dasan）科考站。2009 年，韩国拥有了自己的第一艘破冰船"全洋"（Araon）号，最终形成了独立的北极考察研究能力。④

正是出于相同的利益关切，东亚国家对北极事务越来越关注，对参与北极治理越来越积极，并逐步形成了自己的北极政策。

迄今为止，中国尚未出台正式有关北极政策的官方文件，但这并不意味着中国对北极没有明确的立场。中国官员在不同的国际场

---

① Fujio Ohnishi, *The Process of Formulating Japan's Arctic Policy: from Involvement to Engagement*, The Centre for International Governance Innovation, 2013 p. 2, http://www.cigionline.org/publications/2013/11/process-of-formulating-japans-arctic-policy-involvement-engagement.

② Written Statement by the Delegation of Japan at the Second Meeting of Deputy Ministers of the Arctic Council, 15 May 2012, Stockholm, Sweden, http://www.arctic-council.org/index.php/en/document-archive/category/118 - deputy-ministers-meeting-stockholm - 15 - may - 2012.

③ Jong Deog (Justin) KIM, *Korea's Arctic Policy: Past, Current and Future*, Draft paper prepared for the North Pacific Arctic Conference, Honolulu, Hawaii, 20 - 22 Aug, p. 5 - 6.

④ Young Kil Park, *Arctic Prospects and Challenges from a Korean Perspective*, The Centre for International Governance Innovation, 2013, p. 2.

合和北极理事会申报观察员身份的声明和讲话中都明确阐述了中国对北极的立场。早在 2009 年 6 月，中国外交部部长助理胡正跃在应邀出席挪威政府组织的北极事务高级论坛——"北极研究之旅"活动时，就从中国的北极科研活动、中国对北极法律制度和推动北极合作的看法等三方面阐述了中国对北极的立场。[①] 2013 年 3 月，《人民日报》发表署名为钟声的评论文章，从参与北极事务原则、原因、途径等各方面更加全面地阐述了中国对北极事务的立场。文章指出：保持北极的和平、稳定与可持续发展符合国际社会的共同利益；中国尊重北极国家在北极问题上的重要利益和主要作用，但北极问题也涉及到北极和非北极国家的利益，需要各方携手应对；同时，一些国际条约和机制也为非北极国家参与北极合作提供了依据；北极理事会是关于北极环境和可持续发展等问题的最重要区域政府间论坛，中国积极寻求通过北极理事会加强与北极国家之间的合作；中国积极参与北极国际科学委员会等多边机制的工作，并持续开展了对北冰洋科学考察，已经参加并正在认真履行与北极环境保护有关的国际公约和文件，在控制温室气体和控制持久性有机污染物排放等方面取得了切实成绩，并且将一如既往地依据国际法积极参与北极合作。[②]

日本尽管是三国中开展北极活动最早的国家，还是《斯匹茨卑尔根条约》创始会员国，但迄今日本也并未颁布官方有关北极政策的正式文件。早在 2010 年 4 月于挪威召开的极地峰会上，日本外务省负责北极事务的法务局曾发表了题为"日本与北极"的演讲提纲，从环境、航运、自然资源和国际法框架阐述了日本对北极的基本立场，并对日本参与北极科学研究、北极理事会以及其他全球论坛的活动进行了说明。值得注意的是，在对未来北极观点展

---

① "中国对北极事务的看法——外交部胡正跃部长助理在'北极研究之旅'活动上的报告"，《世界知识》，2000 年第 15 期，第 44—45 页。

② 钟声："积极参与北极合作"，《人民日报》，2013 年 3 月 22 日。

望时，日本强调北极应被视作"人类共同遗产"的一部分。[①] 2013年4月，日本颁布了修订版的《海洋基本计划》（the Basic Act of Ocean Policy），该计划虽未将北极事务列为日本海洋优先事务，但却是第一次在内阁官方文件层面上表达了日本对北极事务的关切和基本立场，力图通过促进科学知识和强化北极外交来追求日本在北极的商业利益。[②] 北极外交、科学研究、产业发展构成了日本北极政策的三大支柱。此外，日本还对在国际法框架下处理北极事务以及北极安全合作，特别是与美国在北极的安全合作给予了特别的关注。

韩国是三国中参与北极事务较晚的国家，但却是第一个颁布国家北极政策的国家。2013年7月，韩国政府发表了一份《北极综合政策推进计划书》（Pan-Government Arctic Policy Master Plan），随后在这年12月，又推出了《北极政策基本计划（案）》，将政府北极政策更加明确和具体化，形成了韩国官方北极政策文件。该文件包括韩国政府对北极的愿景、政策目标和战略挑战。其愿景是通过全球、地区和地方合作实现北极地区未来的可持续发展。其政策目标有三个：一是建立北极伙伴关系以对国际共同体作出贡献；二是加强北极科学研究以解决人类面临的共同问题；三是通过参与北极经济活动发展新的产业。其战略挑战有四个，包括加强国际合作、加强科学调查和研究能力、发展与北极相关的产业和构建国内

---

① Hidehisa Horinouchi, *Japan and the Arctic*, http：//www. google. com. hk/url？sa = t&rct = j&q = japan + arctic&source = web&cd = 92&ved = 0CDYQFjABOFo&url = % 68% 74% 74% 70% 3a% 2f% 2f% 77% 77% 77% 2e% 6e% 6f% 72% 77% 61% 79% 2e% 6f% 72% 2e% 6a% 70% 2f% 50% 61% 67% 65% 46% 69% 6c% 65% 73% 2f% 33% 39% 35% 39% 30% 37% 2f% 4a% 41% 50% 41% 4e% 5f% 41% 4e% 44% 5f% 54% 48% 45% 5f% 41% 52% 43% 54% 49% 43% 2e% 70% 64% 66&ei = 5Wm9Ua32MYyMkgWkyYCQBQ&usg = AFQjCNFIsqvH − cub1 AlQBfYHSbw_ ph4KcQ.

② Fujio Ohnishi, "The Three Pillars of Japan's Arctic Policy：New Basic Plan on Ocean Policy and an Emerging Strategy", Draft paper for 2014 North Pacific Arctic Conference on International Cooperation in a Changing Arctic, p. 4.

北极法律制度基础。[①]

从中、日、韩三国对北极的关注、参与北极事务的历程及北极政策来看,尽管存在一定的差异,但更多的是共同点:北极环境保护是三国加大关注北极事务的出发点和优先原则;北极科学研究则是三国参与北极治理的敲门砖;加强国际合作,特别是加入北极理事会成为三国积极参与北极事务的最重要途径;加大北极资源开发力度,探索和开拓北极新航路,寻求新的经济增长空间则成为三国未来参与北极事务新路径。随着中日韩被接纳为北极理事会正式观察员,为三国进一步参与北极事务提供了新的机遇,但同时也面临着新的挑战,特别是北极国家对东亚国家参与北极事务还存在着非常复杂的矛盾心态,对东亚国家进一步参与北极事务形成了一定的障碍。

三、北极国家对东亚国家参与北极事务的复杂心态

北极国家对东亚国家参与北极治理心态复杂,一方面,北极国家认识到北极问题并不仅仅是区域问题,还是全球问题。北极气候变化远高于世界其他地区,这不仅对全球气候变化产生重大影响,而且反过来全球气候变化也同样会加重北极气候变化,这导致北极环境异常脆弱,需要全球共同努力加以解决。北极科学研究、经济开发、航道拓展也有赖域外国家在知识、技术、资本和市场方面作出更多贡献。因此,北极国家对域外国家参与北极事务展现出总体开放和包容的一面,这也是北极理事会观察员国不断扩容的原因所在。另一方面,北极国家对域外国家的参与又有许多疑虑,担心这

---

① Young Kil Park, "South Korea's Interests in the Arctic", *Asia Policy 18*, July 2014, pp. 63 – 64.

会对其北极主权、主权权利和管辖权造成侵害，忧虑域外国家参与北极经济开发会对北极环境造成更大破坏。因此，北极国家对域外国家参与北极事务又表现出严格约束和限制的另一面，这也是北极理事会颁布《北极理事会观察员手册》（Arctic Council Observer Manual）并拒绝域外国家加入"北极经济理事会"（Arctic Economic Council）的原因所在。

北极国家对域外国家尤其是东亚国家参与北极事务上这种矛盾心态表现得尤为突出，这体现在政府、学界和社会三个层面上，既表现出某些共性，又显现出一定差异性，需详加分析。

从政府层面来看，北极国家对东亚国家参与北极事务态度大体可以分为三个阵营：一种是持较为欢迎和积极的态度，如北欧国家；另一种则持较为怀疑和消极的态度，如俄罗斯和加拿大；美国则介于两者之间。就北欧国家而言，北欧五国相对而言都有较强的国际视野和开放态度，主张积极参与国际合作，致力于在全球、地区和双边层次上开展多层次的合作。在北极事务上，北欧国家更加现实，认为北极气候变化、贸易、航运和自然资源的开发都使得北极全球化了，最好的办法是在一定程度上将非北极国家整合到区域事务和体制中来，这样将减少非北极国家组成潜在的不利于北极国家的联盟风险。而且北极国家认为北极所面临的许多重大挑战需要各种"利益攸关者"共同来加以解决。[①] 正是出于以上考虑，北欧国家在接纳东亚国家成为北极理事会观察员问题上态度最为积极。

就加拿大和俄罗斯而言，由于两国在北极拥有最大的海岸线和领土诉求，并且都将保障和实施在北极的主权作为国家北极战略的最优先原则，因此对东亚国家参与北极事务最为担忧和消极。俄罗

---

① Leiv Lunde, "The Nordic Embrace: Why the Nordic Countries Welcome Asia to the Arctic Table", *Asia Policy 18*, July 2014, p. 43.

斯认为东亚国家积极参与北极事务是受到北极丰富石油资源和矿产资源以及新的航道等经济利益所驱动的，也认识到需要吸引东亚国家参与其北方开发来弥补技术上的不足和资金的不足，但又担心东亚国家的参与会对其主权权利和安全形成束缚和制约。[1] 加拿大则在担心主权权利受到侵蚀的同时，担心亚洲国家的参与会使北极理事会更难以达成共识，而且担心亚洲国家的加入会削弱原住民永久参与者在北极理事会中的作用，并且对北极国家控制区域事务造成危害。[2] 正是基于以上考虑，俄罗斯和加拿大在基律纳会议上一直犹豫不决，直到最后一刻才同意给予亚洲国家和意大利六国观察员国地位，并且促使北极理事会通过了对观察员给予更多限制的《北极理事会观察员手册》。[3]

美国态度则较为特殊，从长期以来的模糊态度逐渐转为积极态度，并在基律纳会议扩充观察员国议题上发挥了重要作用。2009年1月，美国小布什总统曾颁布过一部关于北极地区政策的美国总统令，在这份文件中，美国虽也提到了国际合作，但主要强调的是加强与北极八国之间机制的合作，特别是在促进国际科学和环境保护方面的合作。[4] 实际上，这一时期美国本身对北极事务也不太关注，对非北极国家参与北极事务也没有明确态度。这一现象到奥巴马总统上台后发生了根本变化，随着北极形势的加速变化，美国开始积极参与北极事务。2011年5月，美国国务卿希拉里·克林顿首次参加了北极理事会在格陵兰首府努克召开的第七届部长会议。

---

① Katarzyna Zysk, "Asian Interests in the Arctic: Risks and Gains for Russia", *Asia Policy 18*, July 2014, p. 37.

② P. Whitney Lackenbauer, "Canada and the Asian Observers to the Arctic Council: Anxiety and Opportunity", *Asia Policy 18*, July 2014, p. 24.

③ P. E. Solli, E. Wilson Rowe, and W. Y. Lindgren, "Coming into the Cold: Asia's Arctic Interests," *Polar Geography*, vol. 36, no. 4, 2013, p. 256.

④ White House, *National Security Strategy Presidential Directive 66/Homeland Security Presidential Directive 25 (NSPD - 66/HSPD - 25)*, *Arctic Region Policy*, January 9, 2009, http://www.fas.org/irp/off - docs/nspd - 66.htm.

2013 年 5 月，美国发布了新的《北极地区国家战略》，首次将加强北极地区国际合作列为美国三大战略支柱之一，认为北极所发生的一切不仅对北极国家，也对国际共同体带来深刻影响。该战略在强调同北极国家和北极理事会加强合作的同时，明确指出美国要同其他利益方，包括非北极国家和非北极行为体加强合作，以促进保护北极共同目标的实现。① 美国北极战略的改变使其在亚洲国家参与北极事务问题上态度渐趋明朗，在促成亚洲国家成为北极理事会正式观察员问题上，美国国务卿约翰·克里发挥了积极作用。②

从学界层面来看，对东亚国家参与北极事务明显表现出两极分化的态度：一种是将其视为威胁，另外一种则将其看作机遇。这种分化态度在加拿大学界表现得特别分明。前者以卡尔加里学院的怀特和休伯特为代表，强调加拿大人要警惕东亚国家（特别是中国）成为与加拿大利益相抗衡的修正主义行为体。后者则以加拿大拉瓦尔大学地理学家拉塞尔（Frédéric Lasserre）为代表，主张加拿大在北极的国家利益总体而言是与东亚国家的利益相一致的，东亚国家参与北极事务应被视为双方合作和双赢的机遇。③ 以前者为代表的"威胁论者"常常夸大东亚国家参与北极事务的程度，质疑东亚国家（特别是中国）在北极的真实意图，认为东亚国家是受资源渴求和地缘政治驱动闯入北极的，对北极国家主权权利和国家利益构成了重大威胁。这实际上是混杂着"亚洲崛起"和北极变化以及主权相互纠结的一种复杂情绪。

---

① White House, *National Strategy for the Arctic Region*, Washington, May 2013, p. 10, http://www. whitehouse. gov/sites/default/files/docs/nat_ arctic_ strategy. pdf.

② James Kraska, "Asian States in U. S. Arctic Policy: Perceptions and Prospects", *Asia Policy* 18, July 2014, p. 24.

③ P. Whitney Lackenbauer and James Manicom, *Canada's Northern Strategy and East Asian Interests in the Arctic*, The Centre for International Governance Innovation, 2013, p. 4.

随着北极环境加速变化和东亚国家成为北极理事会观察员，北极国家学术界对东亚国家参与北极事务的态度已经悄然发生逆转，理性看待东亚国家对北极事务的参与越来越成为国际学术界讨论的主流。① 东亚国家的参与不仅会对北极治理带来更多的增量价值，而且能够提供北极经济发展所迫切需要的科学技术创新、资本投资和巨大的不断增长的市场，简言之，东亚国家与北极国家是互有需求，只有相互协作才能实现双赢。②

从社会层面来看，北极国家有着惊人的相似，这就是民众缺乏对域外国家参与北极事务的正面认识，并不太愿意域外国家卷入到北极事务中来。早在 2011 年 1 月，加拿大蒙克全球事务学院（Munk School of Global Affairs）就出版过一本北极八国民意调查报告。当民众被问到在涉及北极事务时最不愿意与哪个国家合作时，结果除俄罗斯以外，其他七国均指向中国（见表 1）。而当被问及北极理事会是否应该邀请像中国一样的非北极国家和如同欧盟那样的国际组织加入北极理事会并赋予它们一定的发言权问题时，民众持有积极反应的仅有瑞典一国，超过一半，达到 64%。其余七国均未过半，俄罗斯为 49%，芬兰为 48%，丹麦为 46%，挪威为 45%。而冰岛只有 24%，美国为 23%。加拿大最低，仅有 22% 支持北极理事会将非北极国家接纳近来。③

---

① 笔者近来参加了多场国际学术讨论会，明显感觉到这种变化，特别是对中国参与北极事务有了更多客观分析和理性判断。有俄罗斯学者原本对中国抱有明显的怀疑态度，质疑中国加入北极理事会的真正动机，但现在却在抱怨中国在北极投资太少，力度太小，令人失望。

② Carin Holyroyd, *The Business of Arctic Development：East Asian Economic Interests in the Far North*，Canada-Asian Agenda，issue 34，p. 6.

③ Munk School of Global Affairs, *Rethinking the Top of the World：Arctic Security Public Opinion Survey*，Final Report，January 2011，p. 68.

表 1　涉北极事务上最不愿意合作的伙伴

"下列哪个国家是（你们国家）在涉北极事务上最不愿意合作的国家"

	第一选择	第二选择	第三选择
北方加拿大	中国	美国	俄罗斯
南方加拿大	中国	俄罗斯	美国
丹麦	中国	美国	其他国家
芬兰	中国	其他欧洲国家	美国
冰岛	中国	美国	俄罗斯
挪威	中国	美国	其他欧洲国家
俄罗斯	美国	斯堪的纳维亚群岛国家	中国
瑞典	中国	美国	其他欧洲国家
美国	中国	俄罗斯	其他欧洲国家

资料来源：Munk School of Global Affairs, *Rethinking the Top of the World*: *Arctic Security Public Opinion Survey*, Final Report, January 2011, p. 54.

　　北极国家民众对域外国家参与北极事务的消极反应并没有随着时间的推移而发生根本变化。2013 年，美国北方研究所（Institute of the North）运用同加拿大蒙克全球事务学院相同的方法和相同的问题对阿拉斯加民众进行了一次新的民意调查，调查结果显示其对域外国家参与北极事务的反应并没有太大变化。当被问到北极理事会是否应该容纳中国和欧盟等非北极国家和组织时，仅有 19.8% 的被调查者表示支持。而在被问到在处理北极事务最愿意合作和最不愿意合作的国家问题时，有 3/4 的被调查者选择了加拿大，选择斯堪的纳维亚国家的有 15.6%。在最不愿意合作的国家中，有 2/3 的被调查者选择了中国。事实上，其他非北极国家，如德国，得分也不高（见表 2）。

表2

国家/实体	％最愿意合作的（％）	％最不愿意合作的（％）
加拿大	76.3	1.0
斯堪的纳维亚国家 （芬兰、瑞典、挪威、丹麦）	15.6	1.0
俄罗斯	2.5	19.4
中国	0.5	66.5
其他欧洲国家（例如德国）	0.2	7.3
其他	0.2	0.5
没有国家—不愿意美国在处理 北极事务上同任何国家合作	0.5	1.0
所有国家—没有关系	2.7	1.8
取决于议题	1.5	1.5

资料来源：Institute of the North, Survey of Alaskan's Opinions on the Arctic, Final Report, May 2013, https：//www. institutenorth. org/programs/arctic-advocacy-infrastructure/Arctic_ Policy_ Forum/arctic-public-opinion-poll/, p. 38.

四、结论

北极地缘气候、地缘环境、地缘政治、地缘经济的加速变化，吸引了全世界的目光。东亚国家由于地理上的邻近性、经济发展模式的相似性以及极地科考的持续性，很自然地对北极给予了更多的关注，成为北极事务天然的"利益攸关者"。通过加入北极理事会，成为北极理事会正式观察员，东亚国家渴望更多地参与北极治理和经济开发，但却遇到了北极国家复杂心态的严峻挑战。从政府层面来看，加强北极国际合作是其北极政策共同优先原则，但这种国际合作首要的对象是域内国家，与域外国家之间的合作则处于次要地位。在对东亚国家参与北极事务态度上，北极国家大体可以分为积极、消极和模糊三个阵营，但其总的目标是相同的，这就是对东亚国家采取接纳＋约束的方法，既赋予东亚国家北极理事会观察员身份，同时又通过设定许多规则障碍、技术障碍和程序障碍对东亚参与北极治理和开发加以严格限制。即使是对东亚国家参与北极事务持更加积极和欢迎态度的北欧国家，也是以要求东亚国家尊重、遵守北极国家和北极理事会在北极事务上的主权、管辖权和准则为前提的，充分表现出北极国家的这种双重心态。从北极国家学术界和民间对东亚国家参与北极事务的分析来看，这种双重心态是有深厚的学术和民意基础的。东亚国家在北极的利益关切虽有一定差异，但更多的是共同点和契合点。东亚国家拥有北极国家亟需的技术优势、资本优势和市场优势，而且东亚国家同北极国家都保持着良好的政治和经济关系，甚至是同盟关系，特别是在成为北极理事会正式观察员后，为其提供了更多参与北极治理和开发的机遇。东亚国家应当清醒认识北极国家的复杂心态，加强合作，优势互补，更加全面和广泛地参与北极治理，体现出东亚国家在北极治理上更多的话语权和贡献。

北欧国家间的北极国际合作机制及其对东北亚国家的启示

程保志*

北欧（Nordic Europe）作为一个政治地理名词，特指丹麦、瑞典、挪威、芬兰、冰岛这五个主权国家和三个实行内部自治的地区，即丹属格陵兰岛与法罗群岛以及芬属奥兰群岛。北欧五国都具有环北极国家的身份属性，五国均是北极理事会的创始成员国;[①]其中丹麦与挪威还是北冰洋沿岸五国协商机制（Arctic Five，A5）的成员。

一、引论：北欧国家北极外交政策的趋同化

近年来，北极的战略政策问题在北欧五国国家战略中的地位日趋重要；仅以 2011 年为例，3 月 28 日，冰岛议会发布了指导其政府实施北极政策的 12 条原则；5 月 12 日，在担任北极理事会轮值主席国的当天，瑞典政府正式发布了该国第一份北极战略文件，而瑞典是所有北极八国中最后一个公布其北极战略的国家；8 月 20

---

* 程保志，上海国际问题研究院全球治理研究所助理研究员、博士。

① http：//www. norden. org/en/nordic-council/international-co-operation/the-nordic-council-and-the-arctic/.

日，丹麦中央政府及其属地格陵兰岛和法罗群岛自治政府共同发布了《2011—2020 年丹麦王国北极战略》；11 月 18 日，挪威政府又发布了《北方地区：愿景与战略》白皮书，这是该国政府进入新世纪以来正式发布的第三份北极战略报告。芬兰政府则在前一年，即 2010 年 8 月，首次发布了其北极地区战略，并于 2013 年 10 月对该战略文件进行了大幅度的更新和修正。北欧五国在短时间内出台北极战略文件的密度之大、数量之多，在近年来实属罕见，这也从一个侧面反映了北极事务在当今国际政治、国际关系舞台上的重要性。

如进一步考察，北欧五国的北极战略和政策文件在形式和内容上颇为相似，体现出较强的"共性"。首先，北欧五国在其北极战略中均突出本国北极国家的身份定位，试图在北极事务上发挥引领作用；其次，强调北欧五国在北极地区的主权或国家利益是其北极战略的优先事项；第三，重视北极理事会在北极治理机制中的核心作用，强化其在地区治理上的权威性。第四，强调北极地区的可持续发展，涵盖北极资源的负责任开发和合理利用、北极地区基础设施的建设和发展，北极航道、航空网络的开辟和拓展，北极气候变化的适应性等问题。最后，积极参与国际合作，致力于在全球、地区和双边层面的合作，支持各种区域性/次区域性国际组织及其他国际行为体在北极治理上发挥更大作用；在双边合作上则以北极国家间合作为重点，尤其重视与俄罗斯的合作，对于域外国家参与北极治理总体上持相对开放的态度。

北欧五国在北极外交问题上的政策立场表现出较为明显的趋同性，这与五国之间拥有非常畅通且相互交织的协调与合作渠道密切相关，除北极理事会、北欧部长理事会、巴伦支海欧洲—北极理事会外，彼此之间还有北冰洋军事安全合作会议等平台。此外，欧盟以及以美国为首的北约也试图以其北欧成员国为跳板，积极介入北极事务，这些实力雄厚的政治、军事组织对该地区事

务的高度关注，无疑会对北欧五国的北极政策带来方方面面的
影响。

二、北欧国家在北极非传统安全问题上的合作机制

北欧五国通过北极理事会、北欧部长理事会、巴伦支欧洲—北
极理事会，以及欧盟向北延伸而形成的北方政策及北极政策架构等
区域性安排，取得了较有成效的协作。

（一）北极理事会

北极理事会（Arctic Council，简称 AC）是当前有关北极地区
事务最重要的治理机制，北欧五国作为其成员，对理事会的顺利运
作及机制化发展发挥了主要作用；同时五国借助理事会工作组、高
官会议等平台，协调各自的北极政策立场，为每两年举行一次的部
长级会议设定议程、议题并定下会议基调。

首先，对于北极区域环境与可持续发展合作机制的设立，芬兰
居功至伟。1989 年 9 月 20，根据芬兰政府的提议，北极八国派出
代表召开了第一届"北极环境保护协商会议"，共同探讨通过国际
合作来保护北极环境。1991 年 6 月 14 日，八国在芬兰罗瓦涅米签
署《北极环境保护宣言》，从而正式启动了以北极环境保护战略为
核心的"罗瓦涅米进程"；这中间，芬兰政府发挥了积极的推动作
用。1996 年 9 月 16 日，北极八国在加拿大渥太华举行会议，宣布
成立北极理事会，并随后将"北极环境保护战略"的各项活动也

纳入其中。①

其次，作为冷战结束后的一项积极成果，北极理事会在一定意义上实现了包括北欧五国及美、加、俄在内的环北极八国在该地区进行实质性合作。② 为实现北极环境保护与可持续发展的目标，理事会设立了 6 个项目小组，③ 由这些小组开展有关北极环境保护和可持续发展的各项工作；具体工作领域则涵盖了北极气候变化、北极海洋环境保护、北极能源开发、北极污染物治理、北极生物多样性保护、北极海空搜救合作等多方面的问题。由此可见，北极理事会所开展的各项具体项目与工作，与北欧五国的北极战略目标及优先领域或事项具有高度的契合性，重点关注的都是非传统安全议题；这并非巧合，而是与这些国家之间政策立场的沟通与协调密不可分。

最后，北欧五国对于强化北极理事会在北极治理中的核心作用以及理事会机制化方面功不可没。客观而言，北极理事会在保护北极环境、提高国际社会环保与可持续发展意识方面起到了巨大的作用，但其政策性论坛的性质和其制定无约束力"软法"的职能，限制了它在北极治理方面发挥更大作用。不仅如此，与其他机构不同的是，理事会没有设立秘书处，而由东道国兼任，每两年轮换一次。直到 2007 年挪威担任东道国时同丹麦和瑞典达成一项协议，在斯堪的纳维亚三国担任东道国期间（2006 年—2012 年）共用一个秘书处，秘书处的地点设在挪威特罗姆瑟；这一模式最终得到八国的共同支持，决定在 2013 年加拿大担任轮值主席国前完成常设秘书处的设置。2012 年 11 月，冰岛环境部秘书长马格努斯·约翰

---

① Timo Koivurova and David VanderZwaag, "The Arctic Council at 10 Years: Retrospect and Prospects", University of British Columbia Law Review 40:, 2007（1）.

② 参见程保志："北极治理机制的构建与完善：法律与政策层面的思考"，《国际观察》2011 年第 4 期。

③ 即北极监测和评估项目小组（AMAP）；保护北极动植物项目小组（CAFF）；保护北极海洋环境项目小组（PAME）；突发事件预防、准备和应对小组（EPPR）；可持续发展项目小组（SDWG）和消除北极污染行动计划（ACAP）等。

内松（Magnus Johannesson）被任命为北极理事会秘书处首任负责人。最终理事会秘书处于 2013 年 5 月在挪威北部特隆姆瑟市正式设立，这对理事会的机制化、正规化建设以及进一步推动北极事务的沟通与协调，具有重要意义。

（二）北欧部长理事会

北欧部长理事会（Nordic Council of Ministers，简称 NCM）成立于 1971 年，是由北欧五国政府所组成的合作论坛；论坛由五国的北欧合作部长（Ministers for Nordic Co-operation）和北欧合作委员会（Nordic Committee for Co-operation）共同协调官方议程。事实上，北欧部长理事会由各个分管具体事务（如外交、国防、财政、卫生等）的部长理事会组成。大多数特定政策领域的北欧部长每年不定期召开多次部长理事会。部长理事会主席任期一年，由五国轮换担任。理事会通过的决议均需全体一致通过方可实行。

冷战结束前，北欧部长理事会回避公开讨论安全与防务问题，而选择在包括社会、福利政策在内的其他领域加强合作。随着冷战结束及组织功能再造，北欧部长理事会更具全球视野。冷战刚结束之际，波罗的海国家是理事会工作的重点，但近年来，北极地区也日益成为理事会主要的工作领域之一。1996 年设立的"北极合作项目"（Arctic Co-operation Programme）就旨在促进北方地区的集体行动。1996 年"北极行动计划"的主要目标，就是通过促进各个层面的可持续发展及北极国家间的集体安排，改善北极原住民的生活质量及经济与基础设施条件。从 2003 年开始，北极行动计划从其他并行政策领域独立出来，以提升北欧国家对北极地区和平及可持续发展的承诺水平。在 1996 年项目的基础上，理事会又陆续于 2003 年、2006 年、2009 年发布了三个北极行动计划，北极项目预算从 1996 年的 12 万欧元提高到 2009 年的近 100 万欧元。

2009—2011 年，北极合作项目的目标在于提升对北极气候变化的认知，提高北极居民的生活质量及其社会与文化发展水平，保护北极自然生态，并促进北极自然资源的可持续利用。北欧部长理事会还运用北极合作项目，加强同北极理事会以及欧盟成员国在巴伦支欧洲—北极地区理事会工作领域内的合作。[①] 北极合作项目也对涵盖相同地理范围的北欧部长理事会俄罗斯项目起到了补充作用。部长理事会还设立了一个北极专家委员会（Arctic Expert Committee），对北极项目的细化、实施及后续行动提供咨询建议。

北欧国家不仅在部长理事会及议会层面承诺其在北极事务上的共同立场，而且在部长级别采取共同行动，迈向共同的北极战略。2009 年 6 月，北欧五国外交部长发表了一项联合声明声称：就个体而言，北欧国家在解决有关北极环境、气候、安全及救助方面日益增多的实际问题上能力有限，因此部长们一致决定加强在其他相关国际机构中的合作，以促进北极理事会所处理问题的后续行动。可见，北欧部长理事会已成为北欧五国协调其北极战略及政策的主要机制，它们试图使北欧国家间的合作机制成为推进北极事务合作的平台。最后还须指出，北欧部长理事会本身就是北极理事会的正式观察员，这又从一个侧面反映了两个行为体试图在更广泛的环北极框架内锁定彼此的地区政策，从而在地区性机构之间形成共识并避免政策重叠的发生。

（三）巴伦支海—欧洲北极理事会

位于俄罗斯和挪威北部的巴伦支海是世界上最重要的海洋渔业基地之一。该海域蕴藏着丰富的石油资源，具有重要的经济和战略

---

① 北欧部长理事会为北极理事会和巴伦支—欧洲北极海理事会的项目提供资金，这些项目遵循北欧部长理事会北极合作项目的目标与宗旨。资金额度每年约在 120 万欧元左右。对北极理事会的工作而言，该项资金尤其具有重要影响。

价值。巴伦支海是俄罗斯的北方战略重地，俄北方舰队的大本营摩尔曼斯克港就位于科拉半岛北部。冷战期间，苏联和美国等北约国家的潜艇时常游弋其间，至今这种状况仍未转变。1993 年 1 月，为改善巴伦支海域长期存在的东西方对峙局面，增进了解与合作，在挪威外交大臣图尔瓦德·斯托尔滕贝格（Thorvald Stoltenberg）的倡议下，巴伦支海—欧洲北极理事会（Barents Euro-Arctic Council，简称 BEAC）在挪威基尔克内斯成立，成员包括北欧五国、俄罗斯和欧盟委员会，而美国、加拿大、英国、德国、法国、意大利、荷兰、波兰和日本作为观察员参与合作，其宗旨是加强巴伦支地区的经济、环保、科技与文化、旅游合作，[①] 但实际上其根本目的是在苏联解体，俄罗斯仍作为其"继承者"代之而起的情况下，促进巴伦支地区的稳定，同时支持俄罗斯的改革进程。巴伦支—欧洲北极理事会下设 6 个工作组或委员会，其工作重点是有关像环境、旅游和运输这样的非传统安全议题。2003 年 1 月，北欧五国和俄罗斯的政府首脑聚会基尔克内斯，庆祝巴伦支欧洲北极理事会成立 10 周年。六国首脑讨论了加强巴伦支地区国家合作的途径，并就帮助俄罗斯妥善处理科拉半岛的核安全问题达成了一项原则性协议；根据这项协议，北欧五国同意设立一项援助基金，帮助俄罗斯加强核设施的安全控制和管理。俄罗斯则承诺，在进口有关处理放射性核物质的设备和技术时，给予外国产品以免税待遇。[②] 此

---

① BEAC（1993）Declaration on Cooperation in the Barents Euro-Arctic Region，Conference of Foreign Ministers in Kirkenes，11 January，1993.

② 长期以来，在巴伦支海地区合作中，北欧国家和欧盟最关心的就是俄科拉半岛的核安全问题。冷战期间，原苏联在科拉半岛建立了大量军用、民用核设施，而以摩尔曼斯克为基地的俄北方舰队有 150 多艘核潜艇，现在许多由于老化已被废弃，而由于俄方无力妥善安置这些核废料，核泄漏时刻威胁着沿岸国家和地区。挪威一环保机构称，现在约有 2.1 万个装有核废料的容器存放在科拉半岛附近，其中很多已开始发生泄漏。2000 年 8 月，俄核潜艇"库尔斯克"号就是在该海域出事沉没的，这引起了国际社会对核潜艇可能发生核泄漏危险的极大关注。"巴伦支海域合作道路不平坦"，http://www.people.com.cn/GB/guoji/24/20030121/911597.html，2014 年 2 月 1 日访问。

外，会议还决定，促进该地区的交通运输和人员旅行便利，开展海关、边检、移民等部门的合作，以加快边界口岸的通行速度，打击偷渡、走私等跨国犯罪活动。2008 年 12 月，俄罗斯与瑞典、挪威、芬兰在莫斯科签署政府间合作协议，决定在巴伦支海及北极欧洲部分开展预警、防灾和紧急情况处理方面的合作，协议中还包括加强边境地区合作、开展联合演习、提高协同效率及紧急情况处理能力等内容。为落实该协议，上述四国将成立一个由四国代表组成的联合委员会，约定每年或在必要时间举行会议，以规划和协调相互间的合作，并对协议的执行情况进行评估。协议签署将为各方今后的合作提供了共同的法律依据。[①]

巴伦支地区的国际合作实际上创设了一个独特的双层架构形式，在巴伦支欧洲—北极理事会成立的同时，一个地区间的合作机制也建立了起来，它就是巴伦支地区理事会（BRC：Barents Regional Council）。地区理事会现已包括成员国的 13 个县或相当于县的次国家地区实体，属于一种地区间合作的论坛。此外，该地区由来自萨米人（Sami）、涅涅茨人（Nenets）、外坡思人（Vepsians）三个原住民团体的代表共同组成工作小组，同时为巴伦支欧洲—北极理事会和巴伦支地区理事会提供咨询意见。不过，由于一些原住民社群始终怀疑其自身无法对合作进程产生任何实质影响，因而选择静观其变，因此使得该合作机制的覆盖范围存在很大的局限。目前，巴伦支地区合作面临很多难题。首先是如何改善原住民的生活条件，同时又保护他们的文化的问题。城市化和工业化的发展，日益威胁着土著民族文化传统和生活方式。目前，地区理事会正采取措施，如电台已开始播放萨米语节目，将书籍译成萨米文出版，建立若干萨米人文化中心等来保护原住民的文化及传统。

---

① 张浩："俄与北欧国家签署北极合作协议"，载《科技日报》，2008 年 12 月 14 日。

（四）欧盟的北方政策及北极政策架构

在 1995 年欧盟第四次扩大之前，欧盟很少涉足北极事务，因为欧盟并没有与北极直接接壤，虽然欧盟成员国中丹麦拥有处于北极圈内的格陵兰岛的主权，但是 1985 年格陵兰退出了欧共体。1995 年欧盟扩大之后，欧盟开始介入北极问题，因为瑞典和芬兰的加入使欧盟成为与北极具有紧密联系的国家集团，不可避免地要与北极国家（尤其是挪威）发生联系。欧盟北扩到芬兰后，与俄罗斯接壤，同样需要欧盟加强与北极国家俄罗斯的合作。

1997 年芬兰提出"北方政策"（Northern Dimension，简称 ND）倡议，目标是"提供一个共同框架，促进北欧的对话，巩固合作，加强稳定、繁荣与发展"。[1] 1999 年，该倡议得到欧盟理事会的批准，成为欧盟的北方政策。该政策的参与者为冰岛、挪威、欧盟和俄罗斯四国，加拿大与美国为观察员，其他利益攸关方还包括北极理事会、北欧部长理事会、巴伦支欧洲—北极理事会[2]、波罗的海国家理事会等。该政策覆盖范围是从西边的冰岛、格陵兰岛到东边的俄罗斯西北部，从北部的北极地区到南部的波罗的海南部海岸。北方政策中的"北极之窗"（Arctic Window）计划共设立了 4 个项目，具体包括环境伙伴关系、公共卫生与社会福利合作、文化合作，以及物流及运输合作项目等。可见，北方政策内部的合作具有较强的务实性，处理的均是"软安全"问题。在北欧五国担任"北方政策"轮值主席国时，它们努力扩大"北极之窗"的影响，但其在欧盟政策领域仍非核心项目。2006 年，冰岛、挪威、欧盟和俄罗斯四方对北方政策进行了更新；在新政策中，北极和次北极

———————

[1] http：//eeas. europa. eu/north_ dim/index_ en. htm

[2] 在北方政策框架下，北方政策伙伴国与北极理事会及巴伦支—欧洲北极理事会多次举行协调会议。这样的合作今后将更为频繁、更为机制化。

地区（包括巴伦支地区），以及巴伦支海和加里宁格勒被界定为优先地区。

2008 年 11 月，欧盟委员会发布其首份北极政策报告，强调无论在历史、地理、经济、科学等方面，欧盟都与北极具有重要而密切的联系。① 丹麦、芬兰与瑞典等欧盟成员国在北极圈内拥有部分领土，是欧盟介入北极事务的重要跳板；冰岛与挪威虽未加入欧盟，但却是"欧洲经济区"的成员国，依条约应与欧盟进行环境、科学、旅游与公民保护等合作；美国、加拿大与俄罗斯则为欧盟的战略伙伴，在安全事务上与欧盟维持对话与合作关系。基于此，欧盟认为它有必要也有义务通过各种渠道积极参与北极事务。欧盟强调应在《联合国海洋法公约》架构下，推动北极多边治理体系的发展，以确保区域的安全稳定、环境保护以及资源可持续利用。2009 年 12 月欧盟外交部长理事会通过的关于北极事务的决议，以及 2011 年 1 月欧洲议会通过的《可持续的欧盟北方政策》决议，均是对上述委员会政策文件的进一步阐释与发展。2012 年 7 月 3 日，欧盟委员会正式发表《发展中的欧盟北极政策：2008 年以来的进展和未来的行动步骤》这一最新战略文件，强调要加大欧盟在知识领域对北极的投入，并以负责任和可持续的方式开发北极，同时要与北极国家及原住民社群开展定期对话与协商。② 但在当前欧盟经济复苏乏力，部分成员国"离心"倾向日益显露的背景下，欧盟北极政策的实施效果还有待观察。

总体而言，通过北欧国家支持的欧盟北部延伸战略（北方政策、北极政策），将俄罗斯进一步拉入欧洲建设进程（巴伦支合作、北欧部长理事会的俄罗斯项目），降低北极地区形势的紧张度，促进地区和平与稳定，符合北欧五国的切身利益。

---

① http：//eeas. europa. eu/arctic_ region/index_ en. htm.
② 有关欧盟北极政策的具体分析参见程保志："欧盟的北极政策及其与中国合作的可能性"，《和平与发展》，2013 年第 3 期。

合作机制	成员情况	总体宗旨
北极理事会	加拿大、丹麦（包括格陵兰和法罗群岛）、芬兰、冰岛、挪威、俄罗斯、瑞典、美国	1996 年成立的政府间论坛，致力于"在北极原住民团体的参与下，促进北极国家间的合作、协调与互动"
北欧部长理事会：北极合作项目（2009—2011）	北欧五国及格陵兰（丹）、法罗群岛（丹）、奥兰群岛（芬）	提升对气候变化的认知；提高北极居民的生活质量及其社会与文化发展水平，并保护北极自然生态
巴伦支—欧洲北极理事会	丹麦、芬兰、冰岛、挪威、俄罗斯、瑞典及欧盟委员会	促进巴伦支地区的社会与经济发展；提升该地区竞争力；促进"融合、善治与可持续发展"
欧盟的北方政策（ND）	欧盟、冰岛、挪威及俄罗斯	1999 年颁布，并于 2006 年更新，旨在为促进对话与具体合作提供共同框架；促进稳定与福祉；加强经济合作，增进经济一体化
欧盟的北极政策	欧盟	强调"知识、责任与参与"，主张北极治理应建立在加强《联合国海洋法公约》等多边机制的基础之上

三、北欧国家在北极传统安全领域的整合努力

北欧五国在前述区域性合作机制中，就非军事安全议题进行了富有成效的合作，较易达成一致立场；这是由当前北极区域治理机制的非传统安全特性所决定的，易言之，北极理事会等区域机制并没有讨论军事安全议题的授权。在军事安全领域，北欧国家历史上一直奉行中立自保的外交政策。二战结束后，由于美国策动对苏冷战，北欧国家继续其中立政策的愿望受到挫折。在美国的压力下，北欧各国的安全政策逐渐分化。挪威、丹麦和冰岛相继加入北约；

芬兰受到苏联的巨大影响；唯有瑞典凭借其得天独厚的地理位置和相对强大的经济实力继续其武装中立的传统政策。以瑞典为中轴，在北欧地区形成了所谓"北欧平衡"（Nordic Balance）的微妙局面。① 这一安全格局成为冷战期间北欧地区解决安全问题的基本框架，一直持续到 20 世纪 80 年代后期。

（一）北约对北极事务的"介入"

自冷战结束后，北约便积极介入全球安全事务，对北极地区的关切也不例外。在 2008 年的布加列斯特峰会中，北约成员国就如何提升北约维护能源安全的角色能力，达成包括信息与情报的结合、运输安全、改善国际与区域合作、危机处理、以及保护重要设施等在内的五项共识；同时承诺：在各国为争夺能源而加速军事动员之际，北约将恪守峰会决议，落实上述五大领域的相关措施，以确保北极能源争端的和平解决。2009 年 1 月 28 日，北约秘书长夏侯雅伯（Jaap de Hoop Scheffer）在冰岛雷克雅维克举行的研讨会中，发表"北极安全展望"（Security Prospects in the High North）专题演讲，阐述北约所扮演的安全角色及其北极政策可能面临之挑战。整体而言，北约在北极地区主要履行三项安全职能，包括确保航行安全、和平解决争端，以及防范区域军事冲突。② 2009 年以来，北约与北欧国家在北冰洋地区军演不断，从 2008 年北约在瑞

---

① "北欧平衡"是论述冷战时期北欧国际关系的常用术语，由 A·O·布伦特兰（Arne Olav Brundtland）在 1966 年首先使用。北欧平衡局面，成为冷战期间北欧安全格局的基本框架。扈大为："战后初期北欧国家安全政策的调整——试论北欧平衡的形成"，《欧洲》2000 年第 2 期。

② 北约近年来已经采取了一些应对措施，如与丹麦、冰岛、挪威和加拿大等国加强了在北极地区的安全合作，北约秘书长亦放言北约将在北极地区驻军，以预防全球变暖可能引发的各大国对北极土地和资源的争夺。Speech by NATO Secretary General Jaap deHoop Scheffer on security prospects in the High North, Reykjavik, Iceland, 29 January 2009, http：//www. nato. int/docu/speech/2009/s090129a. html，2014 年 2 月 1 日访问。

典的"忠诚之箭"军演,到 2010 年美国和丹麦在加拿大举行的"北极熊行动",再到同年北约在爱沙尼亚和拉脱维亚举行的"波罗的海行动"演习。

但北约在北极扮演的角色带有一定的不确定性,北极八国中有 5 国是北约成员,而瑞典、芬兰和俄罗斯 3 个北极国家则并非北约成员。在通过加强军事安全、执法和反恐方面的合作缓和北极地区紧张形势和建立互信过程中,北约很难发挥太大作用。俄罗斯就对北约介入北极事务表示强烈反对,俄时任总统梅德韦杰夫表示,俄罗斯主张北极合作不掺和军事因素,并"严重关切"北约在北极的积极活动。① 俄罗斯的强力反对使得北约对于北极事务的介入只得"低调"行事,更多围绕紧急灾害预警与救援、反海盗、打击犯罪、情报共享等低敏感领域开展合作。

(二) 北欧安全与防务一体化的"尝试"

为应对北极安全方面的挑战,北欧五国试图找到新的合作方式,但各国立场分歧较为严重。2009 年 2 月 9 日,北欧五国的外交部长在挪威首都奥斯陆开会,探讨在新形势下深化北欧地区外交与安全合作的问题,会议主要讨论了挪威前外交大臣斯托尔滕贝格提交的一份《北欧外交和安全政策合作》报告。报告认为,鉴于本地区因气候变暖所面临的环境变化、各国共同的地理环境、目前高科技武器装备的昂贵造价等因素,北欧五国有必要加强和深化相互间的外交与安全合作。② 报告进一步提出北欧五国应加强在北海和北极地区的合作,并建议:创建北欧海上监测系统,以便掌握该

① "俄罗斯警告北约不要靠近北极",http://world.people.com.cn/GB/15716599.html,2014 年 2 月 19 日访问。

② 《北欧外长对深化合作反应不一?》http://www.stnn.cc/hot_news/gd_20090210/200902/t20090210_976336.html,2014 年 2 月 1 日访问。

地区的全部海上和陆地活动；创建一支北欧海上反应部队；创建救援协调中心和两栖小分队，其中应包括适用于北极地区条件的救援资源；在 2020 年前建成一套预警和通信卫星系统；展开其他有关北极议题的合作，包括提升搜救和协调能力等。2010 年 3 月，五国外长又在哥本哈根举行会晤，并集中讨论了联合监督北欧海域、空域和北极的问题。2011 年 4 月，北欧五国发表联合声明，将强化和平时期应对灾难和军事威胁方面的合作与联合行动。

正如俄罗斯媒体所评论的，北欧五国防务与军事合作动作的背后难掩美国及北约的身影，早在 2009 年，美国就表示自己"在北极拥有广泛、根本的国家安全利益，并准备独自或与其他国家合作以保卫这些利益"，[①] 并通过北约积极拉拢北欧和波罗的海国家，对抗俄罗斯。对此，俄极其戒备与警惕。2010 年 4 月底，俄罗斯做出让步，接受挪威的中间线原则，同意将巴伦支海 17.5 万平方公里争议海域分成大致相等的两部分，结束了俄、挪之间的巴伦支海划界争端。这从一个侧面反映俄罗斯在外交上针锋相对地予以反击，另一方面也反映出在新一轮北极的政治博弈中，挪威借助集体力量抢占先机、拔得头筹，不过目前就断定胜负仍为时尚早。[②] 美国就一直试图将中立国芬兰、瑞典拉入其阵营，两者也对加入北约表现出兴趣；尤其是近期因乌克兰危机造成俄罗斯与西方国家关系急剧恶化之后，两国政府高层更明确表示，加入北约也是其可考虑的选项。这将使欧洲政治版图出现重大变化，而俄罗斯在新一轮"北极争夺战"中将明显处于更为孤立的状态。

简而言之，在非传统安全领域，北欧五国通过北极理事会、北

---

① National Security/Homeland Security Presidential Directive on Arctic Region Policy. http：//georgewbush-whitehouse. archives. gov/news/releases/2009/01/20090112－3. html，2014 年 2 月 15 日访问。

② 《英国拉拢北欧组建北方国家军事联盟令俄不满》，http：//mil. eastday. com/m/20110227/u1a5747441. html，2014 年 1 月 12 日访问。

欧部长理事会、巴伦支—欧洲北极理事会，以及欧盟的"北方政策"及"北极政策架构"等区域性安排，取得了较有成效的合作；而在传统安全领域，由于俄罗斯对北约介入北极事务及北欧防务一体化的"忌惮"与反对，因而举步维艰，前景不明。这与当前北极治理机制这种整体的非传统安全特性密切相关。[①]

四、结语：对东北亚国家北极合作的相关启示

作为北极政治舞台上的"后来者"，中、日、韩、印度、新加坡等亚洲国家在参与北极事务时，应充分借鉴北欧国家在北极国际合作方面构建多重机制的做法，积极拓展在北极科学与政策领域进行合作的新平台；具体到东北亚国家的北极合作，应该说中日韩三国均有这方面的需求，存在进行合作的空间。第一，三国在北极事务上的身份属性相近，均为"近北极国家"，北极地区的生态、气候变化与三国的经济、社会发展密切相关；第二，三国均为主要能源进口国，对国际能源市场高度依赖，而北极地区未来有望成为世界上的重要能源基地；第三，三国均为航运大国，对于北极航道，尤其是连接经济蓬勃发展的东亚和成熟的欧洲经济体之间的北方海航道的开通充满期待，而且中国和韩国已对北方海航道开展了首次商业试航；最后，三国均为极地科考大国，在北极科学观测与考察方面也已开展了富有成效的合作。

客观而言，东北亚国家之间开展有关北极事务的合作是具备一定的基础和条件的；鉴于此，目前国内就有学者建议：可考虑在10＋3机制（东盟10国与中日韩三国首脑会晤机制）中纳入有关

① 王传兴："论北极地区区域性国际制度的非传统安全特性——以北极理事会为例"，《中国海洋大学学报（社会科学版）》2011年第3期。

北极合作议题；实质上，尽管东北亚国家在官方层面开展北极合作还处于学术探讨阶段，可在非政府合作及"二轨"外交层面上，东北亚国家之间业已建立了相应的合作平台和沟通桥梁，例如中国极地研究中心发起的"亚洲北极科学论坛"、国际北极科学委员会下属的"太平洋北极工作小组"（PAG），以及自 2011 年起每年夏季在美国夏威夷举行的"北太平洋北极国际会议"（NPAC）等机制，① 就是亚洲国家和北极国家的专家学者之间进行政策沟通与协作的有效桥梁，其已有向非正式的北极治理机制演进的趋势。当然，由于众所周知的原因，东亚国家之间在政治互信和军事互信上均有待提高，因此相关合作不可操之过急，可优先从北极科学研究、北极航运合作研究、北极搜救能力培训、北极紧急事件预警与响应、北极沿海基础设施建设等方面着手，稳步推进，逐步取得成效。

---

① 有关上述合作机制的具体论述请参阅本书其他章节。

日本北极政策的发展：从介入到战略

大西富士夫[*]

译者 封 帅 校译者 赵 隆

摘 要

虽然日本曾在北极留下过些许足迹，但在 21 世纪前，参与北极事务更多以独立项目为主，并未形成政府层面的具有目标和战略的对外政策。然而，北冰洋海冰的大面积融化，促使日本政府部门开始根据北极问题的发展和变化设定议程。[①] 通过描述日本政府各部门界定北极利益的过程，本人在此前的研究中提出日本对北极地区事务的态度由参与（involvement）转为介入（engagement）。[②] 然而，过去的研究主要集中于考察 2013 年以前的政策制定过程，此后日本的北极政策出现了重要转变。

本文阐述了日本北极政策的发展进程，第一部分总结了 20 世

---

[*] 大西富士夫（Fujio Ohnishi），日本大学国际关系学院教授。

[①] A. Tonami and S. Watters, 'Japan's Arctic Policy：The Sum of Many Parts', in L. Heininen (ed.), *Arctic Yearbook 2012*, Akureyri, Northern Research Forum, 2012, pp. 93 – 103.

[②] F. Ohnishi, 'The Process of Formulating Japan's Arctic Policy：From Involvement to Engagement', in K. Hara and K. Coates (eds.), *East Asia-Arctic Relations：Boundary, Security and International Politics*, Waterloo, Center for Governance Innovation, 2014, pp. 21 – 31.

纪90年代前的一些标志性活动，此类活动可被视为公共和私人领域基于个别项目的成果。第二部分则探讨了新世纪以来日本各政府部门开始适当考虑北极事务。通过对政策演变进程，尤其是本世纪政策变化的考察，反映出日本的北极政策正在由介入向更加连贯和协调的战略发展。

一、个别项目时期：20世纪90年代前的北极活动①

（一）《斯瓦尔巴德条约》

日本首次参与北极事务可以追溯至1920年《斯瓦尔巴德条约》的签署。作为14个缔约国之一，日本享有相应的法律权利和义务，其中包括：在领土和领水捕鱼和狩猎的权力（第2条），准许自由进入的权力（第3条），建立国际气象观测站的权力（第5条），以及同所有缔约国一样，"在条约第一条所规定的特别区域内，以各种方式获得、享有和行使包括矿产在内的财产所有权"等，在这些方面日本享有和挪威公民同等的待遇（第7条）。在实践中，很难以单边的方式行使这些权利，但可以按照挪威相关的管辖权加以执行。

近来，各缔约方围绕条约对于专属经济区（EEZ）和周边大陆架的适用性解释问题再次产生冲突。② 日本外务省尚未制定对于该

---

① 这一部分的描述主要基于作者以往的研究论文。参见，F. Ohnishi, 'The Process of Formulating Japan's Arctic Policy: From Involvement to Engagement', in K. Hara and K. Coates (eds.), *East Asia-Arctic Relations: Boundary, Security and International Politics*, Waterloo, Center for Governance Innovation, 2014, pp. 22 – 23.

② T. Pedersen, 'International Law and Politics in US Policymaking: The United States and the Svalbard Dispute', *Ocean Development and International Law*, vol. 42, no. 1 – 2, 2011, pp. 120 – 135.

条约的立场，然而，资源开发和北极航运当前和未来的发展将提升该地区对于日本的战略意义。

（二）北极研究和观测

科学研究是日本参与北极事务的次要领域。日本参与极地科学研究的历史超过半个世纪，长期的利益自然地推动了对于北极的研究。苏联领导人米哈伊尔·戈尔巴乔夫1987年的摩尔曼斯克讲话改变了北极地区国际关系的政治氛围，将北极科研合作作为其6项具体建议之一，使得各国对北极研究的兴趣迅速提升，最终推动建立了一个积极且主要的推动北极研究的非政府组织——国际北极科学委员会（IASC），并对日本的自然科学家们产生了影响。日本政府于1973年建立了大学间的研究机构国立极地研究所（NIPR），并在1990年建立了北极观测中心（AERC）。北极观测中心与挪威极地研究所合作，于1991年在位于斯瓦尔巴德岛的新奥尔松（Ny-Ålesund）设立了科考站。自加入国际北极科学委员会起，日本国立极地研究所开始参与围绕北极的各类国家和国际研究活动。

在国立极地研究所专注于陆上研究的同时，日本海洋研究开发机构（JAMSTEC）开始与美国合作进行北极海洋研究。1998年，日本海洋研究开发机构的海洋调查船"未来"号（Mirai）进行了首次科研航行。此后，该中心通过组织十多次北极科学考察积累了宝贵的观测研究成果。

（三）国际北方航道项目（INSROP）

日本参与北极事务的第三个领域是由戈尔巴乔夫讲话所推动的北方航道（NSR）研究。"为了检验北方航道成为国际商业航道的所有可能性，当时的日本船舶与海洋基金会（现为海洋政策研究财团，OPRF）在日本财团（Nippon Foundation）的资助下，与挪威和俄罗斯共同启动了 1993—1999 年的国际北方航道项目（IN-SROP）。"① 国际北方航道项目是由各伙伴国家密切合作开展研究的国际性项目，来自 14 个国家的 390 多名研究人员"进行北方航道的多学科研究"。② 该项目的第一阶段为 1993—1995 年，第二阶段则是从 1997—1998 年。③ 在此项目框架内组织了由俄罗斯破冰散货船"坎达拉克沙"号（Kandalaksha）穿越北方航道的实验性航行，从日本横滨港（Yokohama）开往挪威的希尔克内斯港（Kirkenes）。在此次航行中，由日本、俄罗斯和加拿大的 18 名专家组成的研究团队在船上进行了各种观测活动，为更加深入地了解北方航道的自然状况和航行条件提供了很好的机会。④ 在 2010 年北极区域海道测量委员会（ARHC）成立之前，北方航道国际研究项目就已经率先绘制了北极的航行线路图。

（四）格陵兰岛海洋地震项目（KANUMAS）

日本参与北极事务的第四个案例是 1990—1996 年的格陵兰岛海洋地震项目（KANUMAS）。该项目的主要目的是对格陵兰岛东部和西部海岸外的北部海域进行地震勘察，日本政府的石油部门和国家石油公司，也就是现在的日本石油天然气和金属矿物机构（JOGMEC）加入了这个项目，与世界主要的石油公司，如英国石油公司（BP）、埃克森美孚（Exxon）、壳牌（Shell）、挪威国家石油公司（Statoil）以及美国德士古公司（Taxaco）一样，成为了项

---

① OPRF，'Examples of Major Studies and Research and Development Implemented in the Past: INSROP'，https：//www. sof. or. jp/en/activities/index6. php，2013，（accessed 22 July，2014）.

② Ibid.

③ Ibid.

④ Ibid.

目成员。项目的创始伙伴和运营方是在格陵兰岛从事勘探和获取开采许可非常活跃的格陵兰国家石油公司（Nunaoil）。这些石油公司通过地震勘察在这些地区获得了优先的开采位置。[①] 参与此项目获得的进一步成就将在下一部分进行介绍。

二、新世纪以来日本北极政策的发展变化

气候变化对北极产生的影响和夏季融冰速度的相关报道常见于日本媒体，而在 2007 年 8 月俄罗斯在北极点海底插旗事件也引起了部分警觉，一份日本的国家级报纸将此事报道为"资源竞赛"[②]的开始。简而言之，北极的变化对日本政府各部门产生了影响，使其开始更加谨慎地根据北极环境的全球影响和经济发展潜力进行议程设置。

（一）文部科学省（MEXT）

自 1990 年代起，文部科学省就在日本的北极政策中发挥了主要的作用。虽然没有必要明确区分文部科学省在 90 年代和随后 10 年的工作，但是 2005 年 2 月地球观测促进委员会（EOFC）的建立还是可被视为两个阶段的分界线。在该委员会框架下，北极研究评估工作组被任命从事更为组织化和有效的北极研究和观测。2010 年 8 月，工作组提交了一份建议成立北极环境研究共同体的中期报告，并呼吁加强气候变化对北极影响的研究和观测。2011 年 2 月，

① GEUS, 'Exploration History', http://www.geus.dk/DK/archive/ghexis/Sider/expl-his.aspx, 1 February, 2005, （accessed 22 July, 2014）.

② A. Komaki and T. Mizuno, 'Jijikokukoku（Momentarily）', in Japanese, *Asahi Shinbun*（*Asahi Newspaper*）, 22 August, 2007.

日本北极政策的发展：从介入到战略

工作组的工作被地球观测促进委员会新设立的北极战略研究分委员会接管。

中期报告显示，日本的北极研究在两个方面出现了重要的发展：第一，2011 年 5 月，作为北极研究活动协调平台的日本北极环境研究联合体得以建立；第二，在政府推动促进绿色创新和环境友好型技术的过程中，地球观测促进委员会也于 2011 年 6 月启动"卓越绿色网络计划"（Green Network of Excellence），此计划资助了从 2011—2015 年的 5 年北极气候变化研究项目，国立极地研究所和日本海洋研究开发机构被批准为项目管理机构。

（二）外务省（MoFA）

外务省是另一个在北极政策中发挥主要作用的部门，它的第一项重要任务就是获得北极理事会的观察员地位。2009 年 4 月，外务省副大臣桥本圣子（Seiko Hashimoto）在美国华盛顿举行的"南极条约——北极理事会联席会议"的部长级会议上提出了日本的北极理事会观察员地位申请，同年 7 月，外务省正式提交了申请。在申请程序开始前后，外务省开始组织部门内部的跨领域工作安排。① 2010 年 9 月，外务省设立了"北极任务组"（Arctic Task Force）。

为了努力实现取得观察员地位的目标，2012 年 11 月，外务省副大臣吉良州司（Shuji Kira）在瑞典斯德哥尔摩出席了由北极理事会主席国瑞典和观察员、特殊观察员参加的会议。为了拓展北极外交，外务省于 2013 年 3 月任命原文化交流大使西林万寿夫（Masuo Nishibayashi）为北极担当大使。这些努力最终取得了成果，2013 年 5 月，在瑞典基律纳召开的北极理事会第八次部长级会议

---

① Personal interview with MoFA official, 7 February, 2014.

上，日本被授予北极理事会观察员地位。2013 年 9 月，原负责反恐国际合作和打击有组织犯罪的国方俊男（Kunio Toshikata）大使受命接任北极担当大使。

（三）国土交通省（MLIT）

国土交通省对北方航道商业化将改变东亚和欧洲航运结构的观点非常感兴趣。作为初步行动，国土交通省成立了评估日本航运公司使用北方航道的可行性以及北部港口物流业的委员会。该委员会成立后，国土交通省便参与到此类评估工作中。[①]

日本航运企业的冷淡态度让国土交通省感到困惑，很多公司认为至少在短期内北方航道缺乏经济可行性，航运公司绝不会在未经货主要求的情况下使用北方航道。从这个意义上看，国土交通省面对的真正挑战是日本货主缺少对于北极的经济潜力的一般性认识。为了改善这种状况，国土交通省于 2014 年 5 月召开了公共部门和私营企业的协调会议。

（四）内阁官房下设的综合海洋政策总部（Headquarters for Ocean Policy）

2013 年 4 月，首相安倍晋三（Shinzo Abe）召开了内阁官房下设的综合海洋政策本部第十次会议，并确立了海洋政策的《基本计划》（Basic Plan），其中北冰洋被视为关键海域之一。这是自 2007 年《海洋基本法》（Ocean Basic Act）颁布以来出台的第二份计划，但却是首次将北冰洋纳入政府需要采取措施的范围内。《基本计划》所涵盖的目标和措施都与北冰洋的活动密切相关。

[①] Personal interview with MLIT official, March 28, 2014.

《基本计划》指出，气候变化对北冰洋和海上航线的有效性将产生全球性影响的全球意识正逐步增加。① 日本期待进一步推进对北极的研究和观察，以及改变海洋运输条件，例如降低海运成本。《基本计划》将海运安全、推动研究和观测、环境保护以及国际协调合作便利化作为关键议题，确定将采取措施致力于以下两个方面的工作：丰富科学知识；推进海洋产业的全面发展。② 在该计划的指导下，海洋政策本部于 2013 年 7 月成立了跨部门联络工作组，处理北冰洋相关问题。正如下一节所论述，《基本计划》所涉及的内容不仅仅是北冰洋问题，而且是首次有内阁成员级别的官员参与讨论北极问题，这意味着日本的北极政策进入了一个新阶段。

（五）经济产业省（METI）

在商业领域，格陵兰海洋地震项目取得了巨大的成功。为了落实日本石油天然气金属公司的优先开发地位，数家业内领先公司于 2011 年 5 月组建了格陵兰石油开发有限公司（GreenPeX）。③ 日本石油天然气金属矿物机构于 2012 年 2 月宣布，格陵兰石油开发有限公司的股权融资已经获得了批准，这些努力取得了丰硕成果。2013 年 12 月，该公司成功获得了由格陵兰政府颁发的尤尼马克（Unimmak）和内尔雷克（Nerleq）油田的开采许可。

经济产业省还参与了另一项进程，虽然该进程不是北极议题上的具体尝试，但通过促进俄罗斯与日本企业界的交流，从侧面加强

---

① Headquarters for Ocean Policy, 'Basic Plan on Ocean Policy', in Japanese, Official document presented at the tenth meeting of the Headquarters for Ocean Policy, the Prime Minister's Office, Tokyo, 26 April, 2013.

② Ibid.

③ JOGMEC, 'Successful Award of Exploration Licenses offshore Greenland', http://www.jogmec.go.jp/english/news/release/news_10_000011.html, 24 December, 2013, (accessed 22 July, 2014).

了对北极事务的拓展。首先，经济产业省于2013年10月建立了以加强双边合作推动俄日关系为目标的公共部门与私营企业协调会，对于远东和西伯利亚地区给予了特别关注，这也是2013年4月29日俄日首脑峰会上关于《日俄伙伴关系发展的联合声明》的成果之一。

同年年底，日本经济产业省大臣茂木敏充（Toshimitsu Motegi）访问俄罗斯，期间分别会见了俄罗斯经济发展部长阿列克谢·乌柳卡耶夫（Alexei Ulyukayev）、俄罗斯远东发展部部长亚历山大·加卢什卡（Alexander Galushka），以及能源部部长亚历山大·诺瓦克（Alexander Novak）。他此访的主要目的是进一步推动落实2013年4月日俄首脑峰会上讨论的项目和倡议。①

为配合此项工作，经济产业省于2014年3月在东京主办了日俄投资论坛，共有450名俄罗斯商界领袖和相同规模的日本商业领袖参加了此次会议。他们讨论的主题包括以下领域的合作：城市环境、汽车工业与配套产业、地方政府经济交流、农业、医疗服务、中小企业、经济区与工业。②

三、日本北极政策的推进与前景

一般来说，对外政策意味着借助国家资源追求目标和实现行动。从这个意义上说，观察者可以发现日本的北极政策模式发生了明显的转变。在海洋政策的《基本计划》出台之前，各政府部门

---

① METI，'Minister Motegi Visited Russia'，http：//www. meti. go. jp/english/press/2013/1227_ 01. html，27 December，2013，（accessed 22 July，2014）.

② Russian-Japanese Organization for Trade and Investment Promotion，'Preliminary Results of the 6th Japan-Russia Investment Forum'，in Japanese，http：//www. jp-ru. org/6forum/kekkagaiyou. pdf，20 March，2014，（accessed 22 July，2014）.

的行动尽管与20世纪90年代相比更加广泛和积极，但仍然是各自为政和缺乏连贯性，也没有跨部门行动的相关安排。

目前这种情况发生了改变。日本的北极政策作为对外政策之一，获得了更加有效的协调，在《基本计划》的指导下成为了更加连贯的战略性工具，并具有两个根本性支柱。第一根支柱是加强气候变化对北冰洋影响的研究和观测，第二根支柱是在北极海洋产业中寻求商业机会。在实践中，后者意指从离岸资源开发和北方航道的商业化中获得利益。两根支柱的基础可以追溯至本文第一部分讨论的20世纪90年代的研究项目。然而，就第二根支柱来说，《基本计划》所涉及的范围局限于海洋产业，并未对陆地商业机会给予足够关注。换句话说，北极地区商业开发的潜力还没有得到充分的探索。为了发掘北极地区潜在的商机，日本政府需要制定不仅关注于离岸资源也包括陆上资源开发的更加全面的北极政策。

正如2011年发布的《北极的雪、水、冰和冻土报告》（SWIP）所指出的，考虑到北极圈内的陆地区域，有必要采取相应对策减缓和适应气候变化所产生的影响。[①] 日本在地球冷却领域的创新技术有利于推动北极原住民社区可持续发展。因此，经济产业省应继续保持在这方面的尝试并将其扩展至北极陆地商业活动。为了实现这一目标，日本的北极政策需要以当前两根支柱为基础，构筑更为成熟的平台。

[①] AMAP, 'Snow, Water, Ice and Permafrost in the Arctic (SWIPA): Climate Change and the cryosphere, (Oslo, AMAP), 2011, p. 538.

日本参与北极战略及现状

陈鸿斌[*]

2013 年 5 月 15 日，日本与中国、韩国等 6 个国家同时被接纳为北极理事会的观察员，尽管日本的申请晚于中韩两国。日本参与北极由此进入了一个全新的阶段，全国各大报纸纷纷发表社论，国内掀起了关注和参与北极的热潮，这对日本的北极参与无疑是一个重大利好。

一、深厚的北极科考积累

日本的北极研究起步很早。早在 19 世纪下半叶，作为首届"国际极地年"活动，12 个国家的科学家分别在北极和南极设立了 13 个和 2 个观测站，于 1882 年 8 月至 1883 年 8 月对极地的气象、地磁和极昼现象开展观测和研究。日本当时虽未能直接参与，但应邀在中低纬度对地球磁场的变化进行了观测，因为中低纬度的观测也非常重要。整整半个世纪后，"第二届国际极地年"活动于 1932 年启动，作为 26 个参加国之一，日本在萨哈林设立了地磁观测站，在北极海域的浮冰上开展相关研究。与此同时，还在富士山顶设立

* 陈鸿斌，上海国际问题研究院信息研究所所长。

了气象观测站，因为日本当时认为高处的气候与极地是相似的。20世纪50年代后期，北海道大学理学部教授中谷宇吉郎在冰岛的观测基地参加观测，此后日本的部分科研人员或小组分别参与了欧美的相关科研项目。70年代日本成立了国立极地研究所，主要研究北极的中高层和超高层大气环流。80年代末，日本与苏联在西伯利亚和萨哈林开展了有关开辟北极航道的联合调研课题。1990年日本成立了北极圈环境研究中心，由此全面启动了北极研究。日本还成为于当年成立的"国际北极科学委员会"的成员（共有19个成员），其代表性的科研机构就是此前成立的"国立极地研究所"。1991年日本海洋研究开发机构就与美国合作观测北极海域。1992年日本在斯瓦尔巴德岛设立了与挪威共同使用的观测基地。1993—1999年期间，日本海洋政策研究财团就与挪威的南森研究所以及俄罗斯中央海洋船舶设计研究所共同实施了"国际北极航道"调研课题，对包括北极航道在内的整个北极海域进行了全面调研，并于2000年推出调研报告《北极航道：连接欧洲与东亚的最短航道》，该报告至今仍在该领域内受到好评。此后，日本又于2002—2006年期间开展了"关于推动北极航道与寒冷海域安全航行体制"的调研课题，对利用北极航道付出了努力。因此，日本认为今后它在北极科考、调研和环保等强项领域可望作出更大的贡献，开展更多的国际合作。

由于地球变暖造成的北极冰块融化，使得北极环境发生了很大变化。此前日本的北极科研均为纯粹的科研项目，北极环境的明显变化使得北极开发成为可能。于是为了整合日本国内的北极科研，日本文部科学省于2008年8月发表了有关日本北极科研的现状和未来战略的中期报告，提出日本的北极研究战略必须设立一个联合体，以此推动横向联合。

以往日本各大学或科研机构的北极科研完全是各自为战，始终未能形成合力。各单位均自找门路，与国外同行开展合作，而国内却几乎没有任何合作。近年来日本科研人员看到了这一做法的弊端，认识到加强国内合作的必要性和重要性，1998 年各科研机构共同利用"未来"号前往北极海域开展观测和研究，其成果得到了国际北极研究界的认可。2006 年以来，日本各科研机构连续联合举办相关的国际研讨会。例如，2008 年 11 月各相关单位联手合作，在日本科学未来馆召开了"第一届北极研究国际研讨会"，60 名外国学者和 130 名日本学者与会。另外科研人员还打破藩篱，共同申请相关的课题，有些课题的申请人多达 50 人。经过这样的整合，目前其研究能力明显加强。

2011 年 5 月，日本的北极环境研究联合会（Consortium for Arctic Enviroment）宣告成立，两个月后其会员就达到 266 人之多，远远超出当初的预计。联合会下设由 24 人组成的运行委员会，负责相关的制定规划、开展研究和交流，以及人才培养等各项工作。

作为北极综合研究课题，同时作为文部科学省所推动的"卓越绿色网络"（GRENE）的一个组成部分，日本于 2011 年开始实施"急剧变化的北极气候体系及其对全球影响的综合分析"课题。该课题包括 4 个部分：1. 北极变暖机制；2. 北极在全球气候变化及未来预测中的作用；3. 北极环境变化对日本周边的气象和水产资源的影响评估；4. 与北极航线可能性评估相关的未来浮冰分布预测。这些课题都是在日本全国范围内公开招标进行的。经过招标，最后确定资助以下 7 个课题的研究：

1. 基于再现验证北极气候以及分析北极气候变化机制，建立升级版的、缜密的全球气候模式；

2. 环北极陆地范围的变化对气候的影响；

3. 北极变暖的机制及其对全球气候的影响：对大气过程的全面研究；

4. 北极积雪、冰川和冰床在全球变暖过程中的作用；

5. 了解北极温室气体的循环及其气候应对；

6. 北极海域环境变化研究：冰山缩减与海洋生态体系的变化；

7. 与北极航线可能性评估相关的未来浮冰分布预测。

其中第 6 项课题的目的在于把握包括水产资源在内的北极海域生态系统的变化，在课题实施过程中将利用海洋科考船"未来"号和北海道大学水产学部的练习船"忍路丸"，采用多种方法开展现场观测。

在日本的极地科研中，南极研究的积累和成果都要多于北极研究。文部科学省下属的"南极地域观测统合推进本部"负责协调各相关科研机构的科研活动及后勤保障，该机构是根据 1955 年 11 月的一次内阁决议设立的。国立极地研究所当初的主要课题都是围绕南极展开的。该所拥有的科考船"白濑"号是日本国内唯一可在极地海域行驶的船舶，过去该船属于海上自卫队，由海上自卫队为南极观测运输物资和人员，每年的利用时间约为 5 个月。而南极科研与北极科研的一个最大不同，就在于南极科研主要在陆地，而北极科研主要在海上。日本虽然在南极科研方面有深厚的积累，但就北极科研而言，则在手段上，也就是往返北极的交通工具和主要科研平台上，面临着很大的制约。

原先的"白濑"号南极科考船从 1982 年开始投入使用，船长138 米，宽 28 米，吃水 9.2 米，排水量为 12500 吨，可在 1.5 米后的冰层中以每小时 3 海里的速度前进，包括 80 名科考队员在内，乘员为 179 人，可载 1100 吨物资。该船每年前往南极考察，后因老化于 2007 年退役。当年日本开工建造新的南极科考船，但新船于 2008 年下水，到 2009 年才投入使用，以至 2008 年日本的南极科考只能租借澳大利亚的相关船舶。而且就是这艘新的科考船，也比科研部门要求的 2 万吨排水量要小得多，仅为 1.25 万吨。该船每年的利用率以及行动范围都很有限。目前日本没有财力建造具有破冰能力、可全年使用的北极科考船，因此只能用南极科考船凑合。从这一角度来看，参与北极科研将推动日本提高破冰船的设计和生产能力。目前包括海上自卫队和海上保安厅在内，日本一共只有 3 艘破冰船，而且破冰能力非常有限。日本欲加快参与北极科研，当务之急是补上这一"短板"，加快破冰船的建造，否则就无从谈起。

日本的海洋研究开发机构从 1991 年开始与美国联手观测北极海域。该机构拥有的"未来"号科考船于 1997 年下水，1998 年就首次试航北极海域。该船长 128 米，宽 19 米，吃水 6.9 米，排水量为 8687 吨，航速 16 节，航距为 1.2 万英里，载员 80 人。该船装备有多普勒雷达、卫星数据接受系统、多窄波束测深仪、超声波流向流速仪、海洋激光系统、20 米活塞式质子磁力仪和 CTD 采水等先进设备。其动力是柴油机，破冰能力很有限，只能在夏秋季的北极薄冰中穿行，如冰层稍厚就只能在边缘海域行驶，因此活动范围相当有限。截至 2010 年，该船共航行北极海域 9 次，多年来一直由日本国内各大学和科研机构共同利用，在北极海域展开相关的海洋气象科研活动。该机构还从 1997 年开始，与设立在阿拉斯加大学的国际北极研究中心开展共同研究或接受对方的委托课题。

日本的宇宙航空研究开发机构则负责解读从卫星接受的遥感数据，这一环节如今在地球科研活动中是不可或缺的。尤其是对难以置身现场的北极海域的观测和科研解读各类遥感数据，已成为极为重要的一个环节。该机构也与国际北极研究中心共同开展了北极科研课题。迄今为止，该机构已先后在本国以及美国和哈萨克斯坦的发射场发射了多颗科研卫星，开展了包括极地在内的范围广泛的科研活动。

北海道大学低温科学研究所以研究高寒地区的生物环境、冰雪、水·物质循环闻名，它也通过许多课题涉足北极研究。1997—2002 年期间，作为科学技术振兴事业团的战略创新型项目，该研究所与俄罗斯合作，对鄂霍次克海冰块的实际状况在气候体系中的作用开展了课题研究。该大学水产学部所拥有的练习船"忍路丸"

于 1983 年下水，其排水量为 1383 吨，属于拖网渔船。1991 年和 1992 年该船相继在北极楚科奇海域航行，通过捕捞那里的鱼类开展相关的海洋调查。多年来，该船一直在开展气候变暖对海洋生态影响的相关研究。2013 年和 2014 年也预定前往楚科奇海域进行考察。但目前该船已届"而立"之年，同样有待更新，目前北海道大学已在研究该船的更新换代问题。在日本学者看来，如果建造新船，其适用性和安全性必须大幅度提高，包括生物采集和调查、观测等很多活动必须在同一甲板层开展，船舶的通信功能必须加强，必须进一步确保操作方便，即便严重受损也不致迅速沉没，具备污水和废水处理功能，确保沿岸和相关海域的环境等。而且新船不能仅隶属于北海道大学，其应用应全国通盘考虑。日本国内强烈希望藉此能彻底走出不具有冰海航行手段的困境。

日本在北极既不拥有领海也没有专属经济区，所以日本的科考必须尽可能与北极沿岸国联手开展。但欲有效推进这一合作，就必须拥有一个平台，这就是可全年在北极航行的多功能科考船。日本是在全球造船技术领域处于领先地位的国家，日本科技界极为希望能由本国建造这样的科考船，这是上策。但限于国家的严峻财政状况，目前实现这一愿望的可能性微乎其微。因此只能退而求其次，拥有每年部分时段可在北极海域航行的科考船，那就是将目前完全用于南极科考的"白濑"号转用于北极科考。该船目前在科考期以外基本都在维修保养或训练，只要稍加改造，用于北极科考是可行的。

日本是 1993 年成立的巴伦支欧洲北极理事会的观察员。全球变暖导致北极融冰加速，这一自然环境的变化也带来了地缘政治的微妙变动，日本开始关注由此对其安全环境可能产生的影响。为此，在中国和韩国相继申请北极理事会观察员地位后，日本亦于 2009 年 7 月正式申请成为北极理事会的观察员，随后开始积极参加北极理事会的各种会议，包括每年两次的高官会议。在日本看来，它虽非北极国家，但作为一个海洋国家和高度关注全球环境的国家，必须以"适当方式"参与北极。只有获得观察员地位，才可能在北极治理中发挥作用，为建立相关的框架作出贡献。今后能否在北极的航道和资源领域获益，完全取决于各国对北极治理的贡献。在这一理念指导下，2010年9月，外务省组建了一个超越原先行政框架的"北极工作组"，开始加大参与北极的力度。2012年7月，日本超党派的"北极圈安全保障议员联盟"开始启动，8月，国土交通省开始成立"北极海航道研讨会"，具体研讨因气候变化而出现的利用北极航道问题。在民间层面，海洋政策研究财团在2009—2011年期间通过"日本北极海会议"这一架构，多次召集有识之士，研讨相关的北极参与战略，并于2012年3月向政府提交了政策建议报告。2012年11月，日本外务副大臣吉良州司在瑞典首次出席了北极理事会高官会议。

二、期待改变北极治理架构

日本相当关注北极的治理架构。在日本海洋政策研究财团于2012年3月向日本政府提交的《日本北极海会议报告》（以下简称《报告》）看来，目前的北极管理体制是一个相对松散的架构，还很难形成类似《南极条约》那样对归属和利用问题均做出详尽规定的严密的体制架构。但与此同时，如同《伊鲁利萨特宣言》所显现的，北极沿岸国家为确保本国的权益，并不希望签署一项让众多非沿岸国加入的具有约束力的条约。因此从现状来看，北极的未来仍面临诸多不确定因素。就现状而言，也许在一定时期内维持现状是可能的，即在这一时期可采取灵活的应对措施。

目前各相关国家所面临的确定归属和划界问题，包括审查各国提出的延长大陆架申请，都需要相当的时间，只能达成双边协议或在《联合国海洋法公约》的框架内解决。关于沿岸国对船舶航行和环境保护行使管辖权，只能在相关条约、国际海事组织和北极理事会框架内予以应对。

虽然北极理事会对扩容问题非常谨慎，但在欧盟内部却出现了形成统一的北极政策的动向，因此目前北极的治理架构并非铁板一块，今后也许会出现一定的变化。总之，国际社会形成关于北极问题的治理框架，将会是一个缓慢的过程。

日本虽非北极沿岸国，但北极对日本来说利害攸关。报告认为它奉行"海洋立国"的基本国策，必须对北极问题表明态度，保持参与。应积极通过联合国、国际海事组织和北极理事会等框架，与中国、韩国、德国和挪威等在海事、资源、物流等领域拥有共同关切和利益的国家和相关国际组织，对包括国际法在内的有关利用北极的制度架构持续开展合作研究。

日本是在 2009 年 7 月申请成为北极理事会观察员的，虽然这一申请落后于中国和韩国等邻国，但日本却在 2013 年 5 月同时被接纳为观察员。在日本看来这是理所当然的，因为它与北极沿岸国联合开展北极科考的历史相当悠久。根据各国对北极的贡献来看，它获得这一地位是实至名归。被接纳为观察员后，报告建议提供南极科考船"白濑"号作为与沿岸国联手开展北极科考的新平台，以此表明其为北极利用作出更大贡献的意愿。由于观察员地位并非永久的，今后是否继续拥有这一地位取决于各国对北极事业的贡献。为了不再失去这一重要平台，报告建议应反复强调迄今为止日本的北极科考成就，在认真分析日本的关切和利益所在的基础上，明确还能作出哪些具有日本特色的贡献，并尽快付诸实施。

《报告》认为，在联合国以及其所属的环境规划署和国际海事组织等专业机构内，日本不宜笼统地提出问题，而应从保护北极环境和维护生物多样性等作为具体的切入点，以防止地球变暖为理由，强调因为全人类都会受到北极环境变化的影响，所以所有非北极沿岸国应携起手来，通过签署条约或提出相关建议等方式付出相应的努力。与此同时，虽然面临着很大的难度，在联合国层面也必须开展同样的努力，以便争取将北极治理纳入联合国的管辖之下。日本必须制定相关的战略，推动国际社会朝这一方向前进。如能实现这一愿望，日本将获益匪浅。

《报告》认为保护好北极的环境对保护全球环境至关重要。万一今后在北极的商业航行过程中发生触礁事故并导致燃油泄漏造成海域污染，这些有害物质的清除和分解难度将比其他海域大得多。与此同时，对防止由压舱水所带来的外来生物、船舶排放废气所导致的大气污染，也须比在其他海域更小心谨慎。此外，目前北极沿岸的港口能力也极为有限，一旦发生突发状况，船舶都无法进港避难。日本今后打算充分利用其气象卫星，在航季中始终保持对北极海域浮冰的监控，从而为各国货轮选择航线提供帮助。

随着北极的商业航行案例不断增加，污染和事故的风险也相应加大。《报告》认为必须积极采取防范措施，从现在开始就做好相应的准备，以便一旦事故发生就能发挥作用。在利用北极的同时，为确实保护好北极环境，应建立相应的国际合作或治理体制。《报告》提出必须通过联合国环境规划署和国际海事组织这样的平台，推动国际社会签署相关的条约。

北极航线开通以后，中国和韩国通过这一航线运输货物的几率将大大提高，将日本本州和北海道之间的津轻海峡作为国际水道，其通航量将明显上升。倘若不采取相应对策，《报告》很担心这些船舶在对该海域状况缺乏足够了解的情况下通行而引发环境污染。因此日本从现在开始就必须做好相应的预案，利用迄今为止所积累的相关经验，制定有关的路线图。

《报告》认为，北极海域比全球任何其他海域都更寒冷，常年保持冰天雪地状况。船舶欲在北极海域航行，就必须在结构和设备等硬件以及驾驶操作等软件方面符合要求。国际海事组织在 2002

年通过了《在北极冰覆盖水域内船舶航行指南》（以下简称《指南》），虽然并非是强制性的，但该组织目前又在制定相关的《极地航行规则》，将来它可能具有强制性。如果船舶在北极海域发生漏油事故就很难恢复，因为那里因极为寒冷，生态非常脆弱。一旦发生这样的事故，那北极的阶段性商业利用就会被迫全面停止，这是日本极不希望看到的。

今后若开始适用《极地航行规则》，则将在北极范围内为防止海难事故发挥巨大作用。日本急欲参与该规则的修订，使《指南》具备强制性。但眼下参与该规则修订的均为北极沿岸国。《报告》认为如果它能间接为该规则的修订作出贡献，也就为北极的安全利用作出了贡献。因为北极理事会完全根据各国对北极的贡献大小决定其参与程度，《报告》指出日本必须竭尽全力，为增强在北极的存在作出不懈的努力。

当然，对日本这样一个完全依赖进口能源和资源以及国际市场的国家来说，它首先关注的当然是北极的能源开发和航线价值，其次是相关的立法和治理架构以及环境保护。从这一角度来看，《报告》认为加强与俄罗斯以及挪威这两个北极沿岸国的关系尤为重要。《报告》认为它必须在日俄双边或在日俄挪三边的政府层面或二轨层面开展合作，这将有利于推动日本加大北极参与力度，为北极开发作出贡献。这包括推动北极航线合理的商业化，促进资源开发和海上运输的具体化，建立相关的环保标准乃至框架，从法律层面解决有关问题。这是既现实也相对可行的方案。

在《报告》看来，虽然北极海域大多为沿岸国的领海或专属经济区，但就北极环境变化对全球环境的影响而言，北极问题绝非仅限于几个北极沿岸国的问题，而是整个国际社会或全人类的问题。换言之，对北极海域的适当管理，是一个全球性的重要问题。

《报告》指出：从北极理事会的相关动向可以清楚地看出，北极沿岸国总想将北极问题视为其独特的权益，而所有其他非沿岸国从国际社会的角度联手关注北极事务，应该是具有说服力的，也是有效的。从现实来看，联合国及其环境规划署和国际海事组织等相关机构，从环境和生物多样性等防止全球变暖的角度，正在不断加大介入力度，从而显示整个国际社会对北极治理的影响力在逐渐加大，这对改变仅限于沿岸国管理的现状是有效的。《报告》认为下一阶段的可行做法是日本继续通过联合国保持介入。虽然就目前而言各方还很难签署一项关于北极问题的条约，但可望通过宣言或建议的方式，将个别北极问题纳入联合国的管辖之下。为此日本正在制定相关的战略，力争在国际社会取得主导权。

东京大学研究生院法学政治学研究科教授中谷和弘在日本国际问题研究所提交的调研课题报告《北极治理与日本的外交战略》中指出，在北极问题上所有相关国家应遵循以下原则：确保航行自由；确保环境不受到污染；在资源开发上应确保透明、公开、公正和妥善管理；确保科考自由，确保原住民的利益；通过和平手段解决由此引发的纠纷。

中谷教授分析，北极的法律归属只有四种可能：1. 属于 5 个沿岸国，即俄罗斯、美国、加拿大、丹麦和挪威；2. 属于北极理事会，其成员国处于绝对主导地位，即上述五国加上瑞典、冰岛和芬兰；3. 与北极有关国家，包括在北极航行的船舶悬挂船旗的国家和船舶所属企业的所在国，在北极开采资源的国家；4. 联合国大会。在中谷教授看来，第一种归属最不符合日本的国家利益，日本坚决反对。至于第四种归属，中谷教授担心联大可能会过多迁就发展中国家的立场，而若基于"人类的共同遗产"这一理念来开采深海底资源，也许并不符合市场机制。如今日本虽然已成为北极理事会的观察员，但话语权毕竟还很有限，北极理事会仍是沿岸国说了算，所以中谷认为第二种归属也非上策。最理想的是第三种归属，只有出现这一局面，日本才会面临历史性的机遇，其参与北极的可能性才可望大为增加。因此今后日本将竭尽全力为实现这一归属而努力。

中谷教授的这一思路，是鉴于 20 世纪 90 年代后有关南极问题协商的相关经验。直到 80 年代，关于南极的所有问题，都在南极条约的协商会议上决定，而协商国仅有美国、苏联、英国、澳大利亚、阿根廷和日本等 12 个国家。时任马来西亚总理马哈蒂尔在联大发言时指出：南极问题并非仅是协商国之间的问题，而是整个国际社会的问题，南极属于"人类的共同遗产"，这一意见获得了广泛支持。如果今后有足够多的国家关注北极问题并希望介入北极，那北极也同样可能成为"人类的共同遗产"。中谷教授认为在北极问题上完全可以沿用这一做法，从而为日本加大参与北极打开方便之门。

如今日本虽然已成为北极理事会的观察员，但中谷教授认为它在该平台上的话语权还是受到制约的，因此他建议，日本应将其对北极问题的诉求更多地通过八国集团（G8）这一途径来表述，因为美国、俄罗斯和加拿大均为 G8 成员，同时又是北极理事会的成员，在 G8 这一平台上，彼此地位是平等的，这有利于抬高日本的身价。

三、日本的新动向与组织架构

在日本看来，全球变暖促使北极融冰加速，由此导致北极地缘政治的巨大变化，这给日本、中国、韩国、俄罗斯和美国等一些国家带来巨大机遇，同时也使这些国家面临着一系列新的课题。日本若欲抓住这一历史机遇，就必须一改此前的滞后状态，从国家层面制定明确的北极战略，全面推动相关的科考、航运和资源开发活动，及早建立相应的安全保障体制，加强与相关国家的合作。

2012 年年底，日本自民党重新夺回政权，安倍晋三再度出任首相。安倍内阁启动后，在坚持错误历史观的同时，还全力开展所谓"积极的和平外交"，即在加强日本同盟的同时，还拉拢某些东亚国家，极力拼凑"对华包围圈"。在安倍内阁看来，参与北极事关日本的重大国家利益，是其全球战略的重要组成部分，日本必须为此不遗余力。

因此进入2013年以后，日本在参与北极问题上"突然发力"。先是在2013年3月，外务省设立了"北极大使"这一职务，由负责文化交流的外交官西林万寿夫兼任该职务。[①] 上任伊始，西林大使就以临时观察员国代表身份，出席了当年3月20—21日的北极理事会高官会议，并在会上为日本拉票，吁请北极理事会各成员国在当年5月的北极理事会部长会议上接纳日本为正式观察员。随后他马不停蹄地东奔西走，为日本的北极参与大声疾呼。西林是一名资深外交官，曾先后在多个日本驻外使领馆工作过，但此前并未涉及过北极的相关工作。今后"北极大使"将作为日本的代表，出席相关的北极问题会议，以便加强日本在包括北极理事会在内的相关北极国际组织中的存在感，与各国官方人士就北极问题展开积极讨论。

2008年3月日本首次出台海洋政策的《基本计划》时，还只字未提北极，但在2013年4月修订该计划时，就多次提及北极。明确表示："随着全球对北极航线的关注，日本国内也期待能由此推动北极科考，降低航运成本，并就北极航运、环境、科考、国际合作和安全制定综合政策"。与此同时，日本舆论一致认为，培养人才是日本参与北极的当务之急，政府和企业都应将此列入重要的议事日程。另外，为了在全社会形成重视北极问题的氛围，在学校教育中也必须将北极纳入相关课程中。

2013年4月28—30日，安倍首相应邀访俄，双方发表了联合

---

① 《日本经济新闻》2013年3月20日。

声明。该声明指出："两国领导人表达了充分利用双方的外交磋商机制，推动两国在北极问题上合作的意愿。俄罗斯总统注意到日本申请成为北极理事会观察员。"据媒体披露，双方的合作将以海上搜救为主，其范围今后将从北极海域扩展到鄂霍次克海。此举使日本与俄罗斯的北极合作措施明确载入了两国政府的正式文件。①

2013 年 7 月，在国内有关部门的强烈呼吁下，日本成立了政府部门关于北极问题的联席会议，其成员单位包括：内阁官房长官海洋政策本部事务局、外务省欧洲局和国际法局、文部科学省研究开发局、经济产业省能源厅资源·燃料部、国土交通省综合政策局·海事局·港湾局·北海道局·气象厅、环境省水·大气环境局、防卫省防卫政策局。该联席会议的主要功能包括：利用北极航线与行政体制；应对环境问题；开展科考活动；推动国际合作；促进资源开发；探讨如何与北极理事会合作。

2013 年 9 月上旬，日本海洋政策研究财团相继在东京和札幌召开有关可持续利用北极航线的国际研讨会，东京会议的与会者多达 250 人，札幌会议的与会者也有 100 多人。俄罗斯专家在会上介绍了该航线的利用现状，挪威和美国专家也参加了研讨会。此后东京如愿以偿获得 2020 年奥运会的主办权，这在日本国内也被视为参与北极的利好因素，因为此举提升了日本的国际地位，所以要"用足政策"。

2013 年 11 月 11 日，在印度新德里举行的亚欧外长会议期间，日本外相岸田文雄与北欧和波罗的海八国外长首次举行会晤，讨论了包括北极合作在内的众多问题。八国欢迎日本成为北极理事会观察员，并期待加强与日本的北极合作。

日本一贯极为重视海洋，但在体制上却存在明显的短板，这自然对其参与北极产生了负面影响。作为一个四面环海的岛国，日本

---

① 《产经新闻》2013 年 4 月 30 日。

虽然早在20世纪上半叶就提出了"海洋立国"的口号，但迄今却没有一个主管海运的政府机构。国土交通省下属的海事局仅管辖海运事务，港湾局下设海洋/环境课，相当于中国的处。在该课下面才设有一个"海洋利用开发室"，这是一个科的设置。同样，外务省的国际法局国际法课下面，才设有一个"海洋室"，相关的北极外交政策，主要是由该室负责的。由这样小到不能再小的机构来主管日本的海洋事务，显然是小马拉大车，力不从心。

根据2007年出台的《海洋基本法》，日本组建了"综合海洋政策本部"，由首相出任本部长，官房长官担任副本部长，所有内阁大臣担任成员。该本部下设事务局负责相关日常事务。但该本部并非独立机构，其事务局设在内阁府，相关政府机构如外务省、防卫省、国土交通省、文部科学省等对海洋事务又管又不管，有利的大家都要伸手，棘手的都避之唯恐不及，整体上处于一盘散沙、各自为战的状态，每年由上述本部召开一两次会议予以协调。但如此非常态化的协调毕竟难以有效应对大量的日常事务。此前虽然成立了政府部门之间的联席会议，但仍是换汤不换药，问题依然如故。对这一问题日本国内大声疾呼了多年，但始终没有根本改观。因为设立新部门就要增加人员编制，就要增加开支。由于财政状况极为严峻，目前日本政府想方设法压缩开支，对北极问题也同样如此。日本国内的有识之士多年来始终在大声疾呼，呼吁日本政府重视这一问题，但在剧烈的政局变动背景下，无论是此前的民主党政权，还是2012年年底重新夺回政权的自民党政府，这一问题都很难被优先考虑。因为它不涉及公众对政府以及执政党的支持率。

对日本这样一个资源和市场两头在外、完全依赖海上运输的岛国来说，参与北极开发将获益匪浅是不言而喻的。但经历了泡沫破灭后长达20多年的折腾，日本经济确实已元气大伤，以致对参与北极开发这样完全符合日本长远利益的重大项目，也一度表现出力不从心之态，在2009年之前该项目始终无法列入议事日程，所以也根本没有相应的预算经费。外务省国际法局长在 2008 年回答为何日本不申请成为北极理事会观察员一事时，就曾经如此明确表态："没有这笔钱，另外在外交上也排不上号。"① 由于中韩两国尤其是中国积极参与北极的姿态，对日本产生了触动，从 2009 年以来日本开始重视北极问题。

由于 2012 年钓鱼岛问题的激化，日本政府的当务之急是全力在国际社会以及中国周边构建包围圈，这从安倍重新担任首相以来的出访国家便可清楚看出。虽然在安倍访俄的联合声明中提及了双方的北极合作，但日本仅与俄罗斯合作显然是不够的。对此，日本国际问题研究所研究员小谷哲男在 2013 年 3 月由该所提交的《北极治理与日本的外交战略》（外务省委托课题，耗时一年）报告中指出：日本与北欧国家的关系相当薄弱，而这些国家都是北极理事会的重要成员，因此日本外交的当务之急是加强与北欧国家的关系。由于日本在外交上对美国的依赖是很深的，在参与北极问题上也同样如此。尤其是因新航道开通可能引发的安全问题，日本更是强调必须加强与美国的合作。②

由于此前日本政府对参与北极重视不够，至今尚未开展过国家层面的北极调研，对北极及其沿岸国的信息掌握也不够。因此迄今为止尚未形成全面的参与北极国家战略。在人力和设施方面，日本都尚未构建起完善的北极参与体制。这就使日本无法对北极的资源开发制定具有前瞻性的整体方案。日本国内的有识之士均认为日本参与北极起步太晚，当务之急是建立一个相应的机构，由该机构主导制定相关的国家政策，有序地推动北极科考、航道和资源开发，并着手与相关国家就由此可能出现的安全问题开展探索与合作。

---

① 《朝日新闻》2008 年 10 月 6 日。

② 小谷哲男：《北极问题和东亚国际关系》，《北极治理与日本外交战略》，日本国际问题研究所报告，2013 年 8 月，第 86 页。

四、日本的利益所在：资源与航道

日本位于亚洲的东北端，北极航道如能开通，日本受益匪浅是不言而喻的。比较经由苏伊士运河的现行航道和经由白令海峡的北极航道，在中日韩的三个代表性港口中，横滨受益最大，其次是釜山，上海则名列其后。如果是北海道苫小牧港的话，则受益更为明显。

2012 年 11—12 月，装载着 13.5 万立方米液化天然气的俄罗斯"鄂毕河"号货轮，从挪威北部港口哈梅菲斯特经由北极航线抵达日本北九州港，为九州电力公司提供了发电燃料，这是北极航线首次运输液化天然气，日本由此突然感到北极是如此接近。[①] 这是由俄罗斯天然气公司买下的挪威产液化天然气，该公司将日本作为首选客户。在俄罗斯看来，日本市场的魅力大于欧洲，今后该公司将逐步增加对日本的天然气供应。为了抗衡美国的页岩气革命，俄罗斯迫切需要出口更多的天然气，这势必提升北极航线的利用价值。而 2011 年东日本大地震导致核电站弃用后，液化天然气在日本能源结构中的比重提升，成为不可或缺的重要能源。此前日本的进口液化天然气主要来自印尼和马来西亚等东南亚国家，新开通的欧洲渠道无疑有利于日本实现进口的多元化，分散风险，降低成本。欧洲仅在冬季对北极地区生产的天然气具有需求，夏季相对凉爽，并不需要天然气发电降温，于是北极在夏季生产的天然气只能向东亚销售。这对日本填补能源缺口是不小的利好。在日本看来，参与北极的资源开发，就是积极推动资源生产秩序的形成，是双赢

---

① 本村真澄："北极地区的能源资源和外国的作用"，《北极治理与日本外交战略》，日本国际问题研究所报告，2013 年 8 月，第 13 页。

或多赢。目前，俄罗斯、挪威、美国和格陵兰均在吸引外资参与北极地区的资源开发，但那里气候严寒，开采成本相对高昂，而且尚未研发出可有效应对原油泄漏的技术。眼下北极的资源开发，既有对商业利益的追求，也有相关国家确保能源稳定供应的考虑。为推动资源的持续开发，需要大量投入来建设相关的基础设施，通过互惠的利益分配来形成北极地区的资源开发秩序。

为了更好地参与北极的能源开发，目前各国的油气企业都在摩拳擦掌，跃跃欲试。在这一领域，日本认为它还是具有一定优势的。北海道北面的鄂霍茨克海域在冬季的气候条件与北极海域相似，日本今后将在那里加强相关的实验，由此开发适合北极的能源技术，然后再前往北极海域予以现场验证，从而确保其在北极能源技术领域的领先地位。在北极这个"新边疆"，相比其他已形成规模的各大油气产地，进入的可能性无疑要大得多。谁能研发出最适合北极的开采技术，谁就有可能捷足先登，占尽先机。日本不希望在这场白热化的竞赛中输在起跑线上。

迄今为止，日本参与北极基本以科考为主，对因气候变化而产生的北极地缘政治环境的变化，日本始终注意收集相关资讯。财界对北极当然非常关注，但因北极航道还面临许多不确定因素，企业一直在算小九九，大多处于按兵不动状态。在资源开发领域，日本原先一直认为北极开采的石油价格偏高，因此日本企业总是驻足观望。但在 2011 年 3 月发生大地震后，日本对液化天然气的需求骤然猛增，因而对北极的液化天然气兴趣大增。为参与北极的天然气开发，日本的住友商事、出光兴产、帝国石油等企业已联合出资成立了"格陵兰石油开发公司"，参与格陵兰岛东北部的海底油田招标活动，表现出积极的参与姿态。[①] 而出光兴产公司是成立于 1989

---

① 秋元一峰：《中国与北极—密切关注与有克制的挑战》，《北极海季报》第 5 号，2009 年 12 月—2010 年 2 月，第 28 页。

年的一家子公司，目前在北海已拥有 6 座油田。虽然日产原油仅为 3 万桶，但其利润竟占到全公司的 70%。该公司的员工总数是 7000 人，而这家子公司包括当地员工在内才只有 35 人。2012 年 7 月这家子公司参加了巴伦支海斯诺赫维特以南约 30 公里的某油气田的招标，虽未成功，但此后将继续参加其他项目的招标。出光公司的一位副总裁如此表示："不进入北极就要落伍，10 年后就会无利可盈。"

另外，如果北极航道正式开通，日本海就会成为繁忙的水道，位于日本海的日本各港口将获得重大利好。自从 1995 年阪神大地震神户港遭受重创以来，日本就失去了东亚枢纽港的地位，而北极航道的开通无疑将有利于恢复其物流基地的功能，尤其是日本海沿岸的一些港口。日本相关部门呼吁应及早对今后的物流变化趋势作出预测，制定相关法律，建立相应的基础设施，包括资助造船厂建造破冰船。在 2012 年 6 月日本政府推出的资源开发五年计划中，就明确提出要尽快开发北极等地区的油气资源。

2012 年 3 月推出的"日本北极海会议报告"明确提出，可与中国和韩国开展各种形式的合作，因为从东亚至北极的航道为中俄日韩所共有，在维护该航道安全问题上，这些国家将面临协调还是对立的选择。中国在日本的非北极沿岸国的合作对象中居于首位，与中韩开展双边或三边的合作极为重要。从此前的极地科考积累与经验来看，日本在与中韩的合作中显然处于有利地位。彼此可就包括国际法在内的北极参与的制度框架开展合作，明确表达诉求，保持参与。①

---

① 秋山昌广：《北极海域的管理体制》，《日本北极海会议报告》，2012 年 3 月，第 123 页。

日本参与北极战略及现状

207

五、关注中国动向，希望与中国合作

日本在密切关注北极事务的同时，对中国参与北极的相关动向保持高度关注。外务省一名官员就明确指出：中国参与北极的态势对日本来说是一个重大战略课题。因为在日本看来，一旦北极航道正式开通，中国作为全球屈指可数的大市场，成为该航道的主角是显而易见的，欧盟是中国的头号贸易伙伴，中国与欧洲之间的物流体系将由此得到明显加强。如果中国全面参与北极，会对日本产生什么影响，这是日本相关部门高度关注的热点话题。而相比日本国内大肆炒作"中国威胁论"，尤其是对中国进军海洋的动向几乎达到神经质的地步，日本对中国参与北极的分析却显得相对客观和理性，包括日本自卫队相关研究人员也同样如此，这是很耐人寻味的。

日本海洋政策研究财团的主任研究员秋元一峰在由该财团编辑发行的《北极海季报》第5号上撰文分析中国的相关动向。在这篇题为"中国与北极"的论文中作者的结论是：中国拥有开发北极的意愿，但无意引领相关的国际框架。作为非北极国家，日本与中国和韩国在北极参与上是同舟共济，因为所有这些国家均可通过参与北极在航运和资源领域获益。如果这些国家整合其北极战略的话，无疑将使东亚地区共同受益。如果中国与日本在北极参与上携手合作，则显然可形成双赢。[1] 这位作者曾在海上自卫队服役30年后又供职于防卫研究所，在日本军方大肆炒作"中国海军动向"的当今，能够如此分析中国的北极参与，显得颇为"另类"。另一

---

① "第三届'北极资源开发'研讨会综述"，《北极海季报》第8号，2010年9月—2011年11月，第28页。

位该财团的特聘研究员在通过详尽分析国家海洋局极地考察办公室等机构的网站后认为，看不出中国在获取北极的资源上会表现出咄咄逼人的姿态。

一年后，日本海上自卫队的一名上校在同一份刊物上如此分析今后的北极外交态势：美俄两大海军强国加上中国将成为北极的主角，因为中国的海军实力在明显增强并且在不断向外海进发。未来自由通航和拒绝外国船只进入以及保卫海上航线，将成为北极问题的关键词，由此呈现极为复杂的局面。[1]

出于上述考虑，虽然近年来中日双边关系龃龉不断，但日方对两国在参与北极问题上的合作还是非常看好。2010 年 12 月，由日本海洋政策研究财团召开了"北极的资源开发"国际研讨会，包括美国、俄罗斯、加拿大这三个北极国家和中日韩这三个东北亚国家的专家出席了会议，日方的会议综述写道："尽管日中两国的出发点不尽相同，但均对北极航道问题高度关注。双方一致认为：为开辟该航道，确保对以俄罗斯为首的北极国家的影响力，日中韩三个国家的合作是必不可少的。本次会议堪称是非北极沿岸的这三个国家探索其合作框架的一次尝试。"[2] 紧接着 2011 年 8 月，太平洋沿岸六国（美国、加拿大、俄罗斯、中国、日本和韩国）的专家又在夏威夷的东西方中心聚会，中国、日本和韩国从非北极沿岸国的角度表达了它们的诉求，会议还讨论了北极理事会应建立怎样的机制以便充分听取这些国家的呼声。由此看来，在北极参与问题上。中日韩的合作已是大势所趋，无法回避。为此，小谷哲男在上述报告中呼吁：与其与中国和韩国竞争，还不如联手合作，力争同时成为北极理事会的观察员。因为这三个国家在参与北极问题上的

---

① 佐藤丰："北极融冰所引发的战略架构变化"，《北极海季报》第 9 号，2010 年 12 月—2011 年 2 月，第 14 页。

② 和田大树："中国资源外交与北极参与"，《北极海季报》第 9 号，2012 年 3 月—2012 年 5 月，第 7 页。

利益是一致的。

日本之所以在中国的北极参与问题上表现出相对理性的姿态，并在双边关系处于低谷之际仍毫不掩饰对中日韩合作的强烈渴望，显然这与日本的国家利益密切相关，因为参与北极符合日本的根本利益。目前中国的国际地位处于全面上升过程，国际社会也需要中国的更多参与，日本对中国的北极参与自然是乐观其成，因为非北极国家在参与北极问题上的利益是一致的，中日韩这三个东北亚国家就更是如此。凡是中国在北极参与问题上取得的进展，日本也可望同样受益，因此它又何乐而不为呢？况且，通过对比中国的积极姿态，还可以反过来倒逼日本政府更加重视北极参与，尽快建立相应的体制和机制，这同样是日本各界所热切盼望的。因此在该问题上看不到的日本的情绪性宣泄是很自然的，这对推动中日韩的北极合作是非常有利的。

韩国的北极事务

韩国国土狭小，资源能源相对匮乏，其能源的海外依赖度高达96%，而且由于朝鲜的阻隔，作为半岛的韩国却成为了一个"岛国"，其对外贸易的99.8%依赖航运，① 在韩国的不懈努力下，其造船业和航运业居于世界领先地位。

韩国经济这种极高的外贸依存度，极易受到国际经济金融市场动荡的影响，1997年亚洲金融风暴和2008年全球经济危机都曾使韩国经济遭到重创，韩国自身发展的问题与瓶颈也对经济发展造成种种制约，而此时兴起的"北极热"给了韩国希望和期待。

北极冰层的加速融化、北极蕴藏的丰富资源、北极航道的商业运作、北极全新的科学研究……对韩国都具有极大的吸引力。韩国希望能够凭借自己先进的造船和航海技术，通过积极参与北极事务，获得经济发展的新动力，并由此提升国家的整体实力和国际地位。

正是在这样的大背景下，北极事务、北极航道、北极理事会等与北极相关的内容，都迅速成为韩国官、产、学，以及广大民众关

---

* 龚克瑜：上海国际问题研究院亚太研究中心副研究员。本文系国家海洋局课题"北极政经格局变化下的中日韩竞合关系"的阶段性成果，得到了课题组负责人杨剑和课题组成员李宁的大力协助，作者特此感谢。

① 国际货币基金组织：《世界经济展望》，2008年4月版，第236页。

心的热点问题，韩国政府积极参与各类北极事务。

韩国政府对北极事务的重视开始于李明博政府时期。在其任内后期，为了使韩国顺利成为北极理事会的正式观察员国，加强与北极周边大国的关系，为韩国今后参与北极事务、开拓北极航道打下良好基础，时任总统李明博访问了俄罗斯、丹麦、挪威三个北极成员国，并有针对性的与三国加强了交流合作。①

现任总统朴槿惠也积极推进韩国的北极政策。早在她竞选之时，就将参与北极事务列入其施政课题之中。2013 年 2 月就任后，朴槿惠政府列选了 140 项国家施政课题，北极问题是其中的第 13 项，② 已经被视为创造国家海洋发展的新动力。朴槿惠总统任内第一次访问釜山时就指出，政府将积极应对北极航道开通的机遇，争取将釜山建成东北亚的"航运中心"、"海洋首都"，进一步带动韩国经济发展。③

2013 年 5 月 15 日，韩国被批准成为北极理事会正式观察员国后，④ 国内欢欣鼓舞。在国内学界和产业界的大力推动下，韩国政府于 2013 年 7 月发布了《北极综合政策推进计划》，⑤ 该计划表明韩国将以推进北极航道开发建设为重点，推出北极综合政策，多角度、全方位参与北极事务。12 月，韩国政府又发表了内容更为详实完整的《北极政策基本计划（案）》。⑥

由于韩国在参与极地事务上"重南（极）轻北（极）"，对北极事务的参与起步晚，属于"后来者"，且又不是北极域内国家，所以在北极事务上话语权有限。但另一方面，由于韩国是小国，对北极事务的参与不存在明显的政治意图，且在长期出口导向型经济发展

---

① "李明博明日前往俄罗斯出席 APEC 领导人会"，韩联社首尔 2013 年 9 月 6 日电。
② "朴槿惠发布 5 年施政'路线图'"，韩国《朝鲜日报》，2013 年 2 月 26 日。
③ 青瓦台网站，www. president. go. kr2013 年 9 月 29 日。
④ 新华网瑞典基律纳 2013 年 5 月 15 日电。
⑤ 《北极综合政策推进计划》，相关部门联合发布，2013 年 7 月 25 日。
⑥ 参见韩国海洋水产部，www. mof. go. kr 的相关内容。

模式的带动下，逐渐形成了自身在造船、远洋运输、海洋成套设备等方面的国际领先实力，加之韩国多年来"国际形象"的经营，使得韩国得到很多国家的好感，对其参与和开展北极事务相对有利。①

一、韩国的北极政策和北极事务

（一）韩国的北极事务权益

概括而言，韩国认为其所拥有的北极事务权益包括：通过参与全球事务提升国家整体实力；研究全球、东亚和朝鲜半岛的气候变化和极端天气与北极的关系；研究北极自然资源的可持续发展；参与北极的科学研究（IASC、FARO、PAG、IPA 等），都具有有利于世界和自身可持续发展的重要意义。同样，从韩国经济发展的角度来讲，如开通东北航道、建造船舶、培养海员、开展海洋工程等，都符合韩国在海洋事务上的长久利益。

（二）韩国北极政策②

目前，韩国的北极政策包括以下几个方面：加强与北极国家的合作关系，如积极参与北极理事会工作组和其他国际组织；加强对北极的研究活动，如气候变化研究和科研基础设施建设；拓展新的涉及北极的商业模式，如航运、造船、海洋植物、水产等；完善加强制度和基础设施建设；在海洋水产部建立极地相关部门；制定促

---

① Seonhee Om，"关于北极的国际动向与我们的应对方向"，《海洋水产》第 2 卷，第 232—240 页。
② Yongjin Yeon，韩国前国土海洋部海洋政策局局长，《韩国的极地（南极北极）政策》（报告），摘自韩国海洋战略研究所主办第 91 次会议记录，2012 年 9 月 27 日。

进极地活动的法律。

（三）韩国参与北极事务的部门

1. 政府机关

目前，韩国主管北极事务的是韩国海洋水产部（Ministry of Oceans & Fisheries），其他参与北极事务的 6 个政府部门，分别是外交部（Ministry of Foreign Affairs）、未来创造科学部（Ministry of Science & Future Planning）、产业通商资源部（Ministry of Trade, Industry & Energy）、环境部（Ministry of Environment）、国土交通部（Ministry of Land, Infrastructure & Transport）、韩国气象厅（Korea Meteorological Administration）。

各个部门之间既分工（详见下表）又合作，责权分明。

韩国与北极相关部门的分工简表①

	海水部	外交部	未来部	产业部	环境部	国土部	气象厅
国际合作	工作组、沿岸国合作	北极总体外交			环境保护		
科学研究	海洋、极地科学		基础科学			空间信息	气候变化
商业模式	北极航道、造船、成套设备、水产			能源、资源、造船、成套设备			
法律制度基础	法律、专职部门						

---

① 根据《北极综合政策推进计划》相关内容整理，2013 年 7 月 25 日。

2. 研究机构

韩国参与北极事务的研究机构主要有三个，分别是：

（1）韩国海洋科学技术院（KIOST）[1]

2012年7月4日，韩国海洋科学技术院（Korea Institute of Ocean Science & Technology，KIOST）在韩国京畿道安山市韩国海洋研究院本部成立。

为系统地开发、研究、管理和利用海洋及海洋资源，培养海洋领域的优秀人才，进一步促进海洋科技的发展，提高海洋国际竞争力，韩国于2011年12月31日公布了《韩国海洋科学技术院法》，并决定于2012年7月起正式成立韩国海洋科学技术院。

韩国海洋科学技术院经常发布有关韩国的北极战略、政策及航道的一些研究成果，是韩国最主要的研究北极航道的部门。如2011年发布的《随着北极航道通航对海运港口变化及物流量的展望》的报告，具体研究北极航道开通对韩国可能产生的影响。[2]

成立韩国海洋科学技术院的意义，在于构建海洋领域产学研合作平台，通过国家集中资助，为海洋科技的发展奠定扎实的基础，将韩国的海洋科技研究提升到一个新的水平。

（2）极地研究所（KOPRI）[3]

2003年9月，韩国南北极研究机构由韩国海洋科学技术院的极地科学实验室和极地研究中心发展为韩国极地研究所（Korea Polar Research Institute，KOPRI），主要从事对极地的科学研究，如极地科考、极地站管理、韩国Araon号破冰船的管理等。

基本职能为：围绕具有全球性意义和重大基础性的、必须在极地地区进行研究的关键问题，开展具有国际水平的科学研究、调查

---

[1] 韩国海洋科学技术院（Korea Institute of Ocean Science & Technology），www. kiost. ac。

[2] Seongwoo Lee，Jumin Song，Younseon Ow，《随着北极航道开设的海运港口条件变化与吞吐量展望》，韩国海洋水产开发院，2011年12月。

[3] 韩国极地研究所（Korea Polar Research Institute），www. kopri. re. kr。

和长期观测项目；维持韩国在南北极积极和有影响的存在，争取并维护在极地事务中的领导作用；为支持国家的科学战略和科研成果应用，以及提高全球公众的极地意识，建立和维持一套综合性、管理科学化的国家支撑平台；协助履行《南极条约》体系的国家义务；向韩国政府和其他出资方提供可靠的、独立性的建议，从而有助于提高韩国公共服务和政策的执行效力；为国内外合作、重大研究项目的协调，特别是围绕复杂科学问题或者需要重大的技术和后勤支撑的项目提供合作平台。

其目标是与韩国极地研究国家委员会共同推进极地科学研究全方位发展、管理南北极的科学项目并提供后勤支持。

（3）韩国海洋水产开发院（KMI）[①]

1997年，韩国海洋水产开发院（Korea Maritime Institute，简称KMI）在1984年成立的海洋研究中心的基础上扩大并更名，主要参与研究和制定政府政策。

韩国海洋水产开发院隶属于韩国国务院（总理室），是专门从事海运、港口、物流以及水产领域政策研究的官办科研机构，同时也是韩国国家海洋政策、战略研究的最高智囊机构，对韩国政府在制定相关领域的政策中有较大的影响。

其基本职能为：制定海洋事务和渔业发展的国家政策；为渔业、航运和港口等相关事务提供研究和咨询；收集分析发布韩国的海洋事务、渔业、航运和港口工业及其他国家的信息；加强与渔业相关的产业界、学术界、研究机构和政府机构与其他国家的合作和交流；与国内外相关机构开展合作研究。

其目标是加强指导韩国的海洋事务和渔业政策、建立研发系统；设立以客户为导向的研究系统；建立可持续发展的管理体系。

---

① 韩国海洋水产开发院（Korea Maritime Institute），www.kmi.re.kr。

3. 其他

韩国的高校，如韩国海洋大学、[①] 首尔国立大学、[②] 釜庆国立大学、[③] 灵山大学[④]等也在密切关注北极研究，不断提出有关韩国参与北极事务的利弊、相关国家北极政策对韩国影响的分析评估，以及一些对政府的北极战略、北极政策的意见建议等。

韩国的产业界，如韩进海运、现代上船等大型海运公司，被视为北极航道开通后最大的受益者，因此它们也积极推动政府尽快出台有关北极的战略，以确保自身在未来北极发展中的先机。

二、韩国参与北极事务的历程

长期以来，在极地事务上韩国"重南轻北"。韩国认为南极是"无主之地"，在《南极条约》的维护下，在当地的科考等各种活动不会引起国际摩擦进而导致国家之间的矛盾。而北极则不同，存在着领土、高成本、环境以及资源争夺等诸多问题。如2007 年 8 月，俄罗斯将国旗插入北冰洋底，[⑤] 俄美之间关于北极领土的争夺问题明朗化，北极域内国家在北极也一直明争暗斗。韩国担心，这是围绕北极的"冰川冷战"（Ice-cold war），如果参与北极事务，就有可能被卷入大国纷争之中，损害韩国的国家利益。

---

① 韩国海洋大学，www. kmou. ac. kr。
② 首尔国立大学，www. uos. ac. kr。
③ 釜庆国立大学，www. pknu. ac. kr。
④ 灵山大学，www. ysu. ac. kr。
⑤ "俄罗斯北极点海下插国旗惹争议"，中国日报网环球在线消息，2007 年 8 月 9 日。

（一）韩国的北极事务大致历程①

1978 年，韩国开始了对南极磷虾的捕捞和海洋观测。1986 年加入《南极条约》。1988 年建成南极考察基地"世宗站"。1991 年，韩国远征队抵达北极点。自 1993 年起，韩国对北极展开初步研究。1999 年参与中国"雪龙"号的巡航。2002 年，成为北极科学委员会（IASC）第 18 个正式会员国，同年建成北极考察基地"茶山站"，当年 7 月，国家科技发展委员会制定"极地 S&T 促进计划"。2004 年，通过"南极活动与南极环境保护法"。2006 年，国家科技发展委员会制定"促进南极研究的基本计划"（2007—2011 年）。2008 年，极地问题被列入李明博政府 100 项国家施政课题；当年 11 月，成为北极理事会的特殊观察员国。2010 年 3 月，韩国主办北极科学高峰周。2012 年，国家科技发展委员会制定"促进南极研究的基本计划"（2012—2016 年），当年 10 月，加入"斯匹次卑尔根群岛条约"，当年 11 月，韩国极地政策出台。2013 年，极地问题被列入朴槿惠政府 140 项国家施政课题，2013 年 5 月成为北极理事会正式观察员国，当年 7 月"北极综合政策推进计划"出台，12 月韩国政府又发表了内容更为详实完整的《北极政策基本计划（案）》。

（二）外交活动

韩国的外交活动主要围绕着北极理事会及其成员国、观察员国的双边和多边合作展开。

---

① 根据韩国海洋水产部，www. mof. go. kr 和韩国极地研究所，www. kopri. re. kr 的相关内容整理。

北极理事会成立于 1996 年，是由美国、加拿大、丹麦、芬兰、冰岛、挪威、瑞典及俄罗斯 8 个成员国组成的政府间组织，主要协商讨论与北极有关的事务，主导北极开发建设。①

韩国认为，对于非北极国家来说，获得北极理事会的正式观察员国地位将是其参与理事会会议和北极地区开发的最佳途径，不仅将获得一个非成员国的最大权利，还将为今后参与北极开发创造有利条件。为此，韩国积极展开游说活动和双边多边工作，终于在 2013 年 5 月 15 日与中国、日本、印度等国一起，被北极理事会接纳为正式观察员国。这样，韩国就可以参加北极理事会的所有会议，参加北极理事会下属委员会的工作，进而影响北极理事会的决议，参与制定与北极相关的国际规范。

韩国政府通过参与理事会与工作组的工作，强化了与北极理事会的合作，同时也希望与 8 个成员国建立双边、多边的长效合作体制，还计划与新任的正式观察员国也建立密切的交流合作关系。

为此，韩国组建起国内的产、学、研等多方专家库，定期派遣专家参与理事会的工作组，展开共同研究项目。韩国的研究机构则通过与不同国家相关单位的合作，如召开国际研讨会、联合进行科学研究和考察等，多方面、多形式地强化合作。

韩国海洋水产开发院自 2012 年起，与美国东西方中心发起的"北太平洋北极会议"（NPAC），也鼓励中国、日本的研究机构和专家参与，与北极地区的国家如美国，加拿大和俄罗斯等，共同迎接北极带来的机遇和挑战。新一届研讨会已经于 2014 年 3 月在韩国济州岛召开。

此外，韩国政府还推进参与北极理事会之外的北极相关国际机构，如北极科学委员会（IASC）、太平洋北极团体（PAG）等，并参与国际海事机构关于北极航行、船舶建造的国际标准的准备工

---

① 参见北极理事会 www. arctic-council. org 相关内容。

作，促进与北极原住民团体的合作等，加大与其他国家、国际组织关于北极事务的合作，扩大自身在北极事务中的影响力。

三、韩国参与北极事务的特点

近几年，韩国一改从前"重南轻北"的极地战略，积极参与北极事务。作为出口导向型国家，韩国在造船、海运等方面有独特的优势。韩国希望通过北极航道的开拓，为出口的扩大和便利化提供条件、充分发挥本国造船和海运优势、促进产业创新，增加经济利益。[①]

韩国的北极研究一开始就从官、产、学、研多方面齐头并进，特别是产业界和学界对北极研究热情高涨。韩国在成为北极理事会正式观察员国之后，为了弥补其在北极政策方面的不足，在经过产、学、研的深入讨论后，出台了《北极综合政策推进计划》报告，力图更加全面准确地界定韩国参与北极事务的前景、目标和计划，为其北极政策的推出做了较为全面的准备。

通过对韩国北极政策的发展和形成，以及对《北极综合政策推进计划》的解读可以看出，韩国对于参与北极事务的态度是非常积极的，从长期来看，其目的在于通过参与北极事务，扩大、提升韩国在国际事务中的影响力和地位，并确保自身参与北极的能源、资源开发，进而确保未来的能源安全；从中短期来看，韩国希望借助自身在航运、造船、海洋成套设备等方面的优势，加上其靠近北极航道的有利地理位置，通过参与北极航道的开发建设，打造釜山成为东北亚航运中心，以此带动一整条经济产业，推动地方经

---

① Paul Berkman，《北极变化的挑战与机会》，摘自韩国海洋水产开发院主办"北极专家研讨会：北极的变化与机会"，2010 年 10 月 20 日。

济发展，创造发展的新动力。

总的来看，韩国的北极政策具有以下特征：

（一）根本目标：以国家政治经济利益为主、科研为辅

韩国参与北极事务的根本目标在于构建其在北极相关事务上的国际地位，获得更多国家利益，包括国家的经济利益、政治外交利益等。韩国属于北极域外国家，没有直接参与北极事务的权利，但作为进出口大国，航运一直是该国重要的产业。面积不大的韩国，拥有 13 个较大港口，其造船业在世界也处于领先水平；作为资源匮乏国家，韩国对资源的需求非常热切，所以北极航道及北极资源、能源开发对韩国的发展意义重大。

韩国政府希望通过加强与北极周边国家及北极相关国际机构的协调，更加密切地在北极航道、北极资源能源开发等问题上的相互合作来实现这一目标。其计划中对国际合作、航道开拓等方面的规划也非常具体、详实。相比而言，通过参与北极事务提升韩国的科研能力也是重要目的，不过提升该领域的科研水平本身也是为韩国更进一步地参与北极事务所服务。

（二）总体参与战略：以合作为主、单干为辅

韩国参与北极事务的方式主要以合作为主，这是韩国综合考虑自身的地位与能力作出的策略选择。韩国作为一个中等国家，在国际事务上影响力有限，在北极事务上难以采取单边行动，而且韩国也不希望给其他国家造成过于追求自身利益的不良印象。在这样的背景条件下，与域内国家或相关国际机构开展积极合作成为韩国的必然选择。韩国希望通过发挥自身优势，突出其为北极事务作出特定贡献的能力，来获得参与北极事务的话语权，同时展现一个负责

任的参与方的形象。但在一些敏感性较低领域，韩国也会采取单边措施来施加自身影响，以谋求长期利益基础，例如在与原住民交流等方面，韩国就作出了很多努力。

（三）具体合作方式：以双边为主、多边为辅

在具体的合作方式上，韩国选择了以双边为主、多边为辅的合作方式，这符合韩国一直以来的北极发展战略及韩国自身的利益。韩国在参与北极事务的过程中，与该领域的强国（俄罗斯、挪威）的双边合作是主要方式。例如在北极航道的开拓上，韩国主要依靠俄罗斯，通过与其建立多层次多渠道的双边密切合作，获得北极航道开拓的优势。[1] 因为对韩国而言，其主要使用的是东北航道，它与韩国的利益关系最为密切，所以与俄罗斯的双边合作是最便捷、最有效、可控性也较强的方式。但在可能影响北极开发的一些议题领域，韩国也积极和相关多边机构进行合作，例如参与北极理事会等活动。

（四）合作内容：以经济为主、文化为辅

韩国在参与北极事务上，依然沿用了其经济先行、文化辅助的对外经济发展的成功模式。韩国一般是先以投资、经济合作开道，通过为目的地创造经济利益来实现一定程度的影响力；其后，较为迅速地以文化等软实力内容的输出作为匹配，增强目的地人民对韩国的了解、好感甚至认同，并反过来促进经济利益的更大增长。经济利益与文化认同的相互融合和相互促进，使得两者可以共同发展，合作也更具可持续性。在参与北极事务上，韩国不仅只注重航

---

① "韩国总统朴槿惠与俄总统普京在首尔会谈"，中新社北京 2013 年 11 月 13 日电。

道、资源、科研、水产等具有实际经济利益领域的开发合作，也明确地指出与北极原住民开展文化交流与合作的重要性。韩国政府强调，与原住民的合作，是从长期层面为韩国在北极地区进行开发和实现国家利益所作的基础准备。以青少年交流为主要形式的文化交流等活动的主要目的，就是通过双方之间的互动，最终形成能够互相理解的文化共识，这种共识对韩国在北极地区的发展会起到事半功倍的作用。

试析新时期韩国北极航道开发战略

李　宁[*]

    2013 年 5 月，韩国与中国一道，被正式批准成为北极理事会的正式观察员国。随后，韩国推出了一系列致力于参与开发北极的措施：7 月，韩国政府发表了《北极综合政策推进计划》；9 月，组织韩国商船第一次试航北极航道；12 月，政府又发表了内容更为详实完整的《北极政策基本计划（案）》。从这些动作可以看出，韩国加快了以资源和航运利用为主线的北极开发步伐，而其中的重点是北极航道的开发建设。韩国与中国同为北极域外国家、东北亚地区国家及对北极航道和能源有意愿与需求的国家，在北极航道开发建设和资源利用方面存在着密切的竞合关系。因此，我们有必要对韩国的北极航道开发战略进行了解和分析，这既有助于我们预测韩国在北极事务上可能会有哪些进一步的举措，也能为中国的北极战略提供借鉴和参考。

一、韩国参与北极航道开发的基本概况

    北极航道是指穿越俄罗斯和美国阿拉斯加中间的白令海峡、横跨

    *　李宁：上海国际问题研究院全球治理研究所助理研究员；复旦大学国际关系与公共事务学院外交专业博士生。本文为中国极地科学战略研究基金项目《北极政经格局变化下的中日韩航道竞合关系》（航道、能源合作），项目编号 20120201，国家海洋局。

北极、通向欧洲鹿特丹的水路。随着全球温度不断上升，北极海冰面不断融化。根据美国国家冰雪数据中心的数据显示，到 2012 年 8 月，北极海冰面已下降至 410 万平方公里，创下历史最低值。① 美国《纽约时报》预测，到 2020 年之前，北冰洋将成为"无冰洋"，海冰将彻底消失。现阶段，北极冰面每年有 3 个月左右的融化期，航道的通航时间一般为一年中 7—10 月份的 4 个月时间，在 2011 年更是实现了 7—11 月份的 5 个月通航时间，再加上破冰船的使用，北极航道的商务通航完全成为可能。而且根据专家预测，今后 10 年内北极航道的通航时间为平均每年 5 个月，到 2050 年可以全年通航。② 这意味着通航费用将有可能大幅减少，而且与苏伊士运河相比，北极航道对通航船舶体积没有限制，这一点更加增添了北极航道的吸引力。

目前用于商用通航的北极航道主要有两条：一是西北航道（Northwest Passage），即沿加拿大北部海域连接大西洋与太平洋的航道；二是东北航道（Northeast Passage），即沿俄罗斯西伯利亚北部海岸连接大西洋与太平洋的航道。③

对韩国而言，北极东北航道（以下简称 NSR 航道）是其主要计划利用的航道，也是具有产业创新意义的新航线。这条航道可以将韩国最大港口釜山到鹿特丹的航程缩短 36.8%，航行时间缩短 41.6%。④ 面对如此巨大的利益前景，韩国摒弃了一直以来"重南轻北"的极地政策，开始大力加强对北极的科考与航道研究，试

---

① 参考美国国家冰雪数据中心数据。http://nsidc.org/data/seaice/pm.html。（上网时间：2014 年 2 月 24 日）。

② Hong-Seongwon，"北极航道与北极海资源开发：韩俄合作与韩国战略"，《国际地域研究》第 15 卷第 4 号，第 95—124 页。

③ 北极理事会在 2009 年发表的报告中，将北极航道分为三个部分：连接北美和加拿大北极群岛的西北航道（Northwest Passage，NWP），连接北欧和挪威的 North Cape 所在的北部欧亚和西伯利亚的东北航道（Northeast Passage，NEP），东北航道中从白令海峡（Bering Strait）到 Kara Gate 一段区域，称为 NSR（Northern Sea Route）。俄罗斯声称 NSR 区域是俄罗斯沿岸，属于俄罗斯内海，在俄罗斯国内法律的管辖之下。

④ 韩国釜山港 2011 年统计资料。（内部报告）

图通过北极航道的开发建设，将釜山打造成为亚洲的航运中转中心，并借此机会进一步推进已具备世界先进水平的韩国造船、海运和成套设备等产业的发展。

韩国对于北极事务的参与起始时间较晚。一直以来，韩国认为南极是"无主之地"，在南极的科考等各种活动不会引起国际摩擦。而北极不同，在北极地区，北极海周边国家的竞争已经非常激烈，韩国对北极事务的参与如果把握不好，容易引发难以应对的国际问题。2002年韩国在北极建立茶山基地，也主要是以科考为主。在北极航道商用开发可能性逐渐显露的背景下，2012年，时任韩国总统李明博依次访问了俄罗斯、格陵兰岛（丹麦）以及挪威，为韩国成为北极理事会正式观察员国作出努力，同时积极推进北极航道的试航。2013年，朴槿惠总统上台，在其当选后的140项国家施政课题中，北极问题被列入第13项，并被提升到创造海洋发展新动力的高度，且目标明确为开发建设北极航道。参与北极事务、开发北极航道、创造韩国发展新动力在韩国官、产、学、研各方面，甚至普通百姓中形成一股共同关注、共同推动的热潮。

韩国主管北极事务的是韩国海洋水产部，其下属海洋水产开发院从2009年起一直关注北极航道的发展。作为韩国对北极航道最主要的政府研究部门，韩国海洋水产开发院每隔一段时期就会发布关于北极航道的一些研究成果。在其2011年发布的《随着北极航道通航对海运港口变化及物流量的展望》的报告中，详细研究了北极航道开通对韩国可能产生的一系列影响。韩国还举办了一系列国内、国际研讨会，分析探讨韩国对北极航道应该采取的战略政策措施。除此之外，釜山海洋大学和韩国极地研究中心等学研机构也在密切地关注北极航道的发展，并不断有一些对于韩国参与北极航道的利弊分析、相关国家的北极政策对韩国影响的评估，以及一些对政府北极战略、北极政策的意见建议等文章报告发表。在北极航道中最有可能受益的产业界则积极推动政府尽快制定关于北极的战略，以确定在未来北极发展中可以尽早占领一席之地。

韩国在2013年5月成为北极正式观察员国之后，鉴于前期政策储备不足，开始在政府层面积极推进国家北极政策规划，并制定了推进时间表。7月，韩国政府发表了一份由海洋水产部牵头、多个相关部门协同的关于推进韩国北极政策制订的《北极综合政策推进计划书》。计划书对韩国北极政策的方向、目标和需要重点推进的课题都做了明确说明，内容简要精炼，部门分工明确，时间节点清晰。特别值得一提的是，该计划书由韩国副总理兼计划财政部部长玄旿錫在政府对外经济工作部长级会议上正式提出，明确表示"将从整个政府层面促进北极航道开拓和能源、资源开发等的北极综合政策的确立"。12月，一个内容更加详实、计划更加具体的《北极政策基本计划（案）》又被推出，这是韩国政府层面第一次就北极事务发表带有政府政策基调的基本计划。这一系列举动可见韩国政府对北极航道开发的重视程度。

二、韩国北极航道开发战略的主要内容

在《北极政策基本计划（案）》中，韩国政府分别设置了强化国际合作、强化科学调查研究活动、推进北极商业模式开发和扩充制度基础四个方向，作为其积极参与北极事务的路径。北极航道，特别是NSR航道的开发建设是推进北极商业模式开发的基础和重点。

根据韩国釜山港2011年的内部统计报告，从釜山港到欧洲的鹿特丹港，使用NSR航道节约了36.8%的路程，航行时间缩短了10天，整个物流费用都将大大缩减（表1），这对于作为进出口及

航运大国的韩国来说意义非同凡响。而且一旦北极 NSR 航道正式商用通航，釜山将比亚洲地区其他主要港口城市（如新加坡、上海、香港等）具有极大区位优势和潜在竞争力（表2），这对韩国政府希望将釜山建成东北亚物流枢纽中心的计划会有极大的帮助。所以韩国北极航道开发战略的根本目标，就是希望通过对北极航道的开发建设，带动国内经济发展，打造北极新产业链，创造韩国海洋发展的新动力，其核心是要将自身打造成东北亚北极航运的枢纽。

表1：韩国 NSR 航道使用费用比较（以釜山港为例）

	极东—欧洲航道	NSR 航道	备注
运行区间	釜山—新加坡—鹿特丹	釜山—北极海—鹿特丹	
运行距离	20100KM	12700KM	节约36.8%
运行时间	24 天	14 天	节约41.6%
运行船舶	一般船舶	ICE 级别	
船舶费用	基准市价	+30%	
船员费用	一般航路费用	与一般航路费用相近	
保险费	一般保险费	+30%	
燃料消耗	标准燃料消耗率	+20%	
运营	一般运营	一般运营	

资料来源：韩国釜山港 2011 年统计资料（内部报告）。

表2：使用 NSR 航道时釜山港竞争力比较（以到鹿特丹港为例）

	距离	比釜山港增加距离	增加年燃料费	增加年船舶使用费	增加年总费用
釜山	12700KM				
新加坡	17180KM	+4480KM	+500 亿元	+720 亿元	+1220 亿元
上海	13220KM	+520KM	+50 亿元	+70 亿元	+120 亿元
香港	13978KM	+1278KM	+110 亿元	+150 亿元	+260 亿元

注：货币单位为韩币；每船年航行 10 次，每次船舶使用费为 5 万美元为基准。

资料来源：韩国釜山港 2011 年统计资料（内部报告）。

韩国的北极航道开发战略可以分为对内对外两个部分。国内方面，首先，韩国政府考虑到本国北极航道航行经验不足的短板，大力推进航运测试、积累航运经验。当前通过北极航道在欧亚间运送的货物数量呈现不断增长的趋势，但这一市场主要被欧洲和俄罗斯的大型航运公司垄断。韩国的航运公司由于缺乏合适的可运送货物和耐冰级别货船，特别是缺乏北极航道航行的实际航行经验，很难打进北极航运市场。而且北极航道海冰面情况复杂、气候条件恶劣，整个航行过程对船只情况、船员素质等都是极大考验。所以韩国政府决定，由海洋水产部负责，先行积累北极航道航行经验，以为今后的实际航行做准备。2013年9月15日—10月21日，韩国已经顺利完成了第一次NSR航道商业试航行，并根据试航结果确立了一系列后续计划。其次，韩国政府计划加强国内港口建设，通过试行港口设施使用费减免、奖励使用北极航道的船舶等激励制度，旨在通过"外吸内补"的方式，吸引经由北极航道的船舶在韩国港口停靠、中转，为今后韩国参与北极航道的开发做先期布局。韩国政府计划从2014年开始，为使用北极航道的停港船舶减免50％的港口设施使用费，根据这一计划，预计每艘船可节省约600万—700万韩币；韩国政府还计划实行视船舶当年的运送业绩，在下一年给予5000万韩币范围内的奖励的措施。这些举措将在很大程度上鼓励经由北极航道的各国船舶使用韩国港口停靠、中转。最后，韩国政府还计划在途经韩国的北极航道上，建设具有一定规模的现代化中转连接港。根据韩国海洋水产开发院的研究，北极航道商用通航正式开始后，在韩国处理的中转货物将逐年大幅增加，[①] 所以韩国港口的中转能力需要大幅提升，港口设施建设需要

---

① "应对创造未来国富的'北极海'战略"，韩国海洋水产开发院、韩国先进化论坛共同举办的特别研讨会上发表资料。2011年11月24日。http://www.kmi.re.kr/Boards.do？command=Detail&bid=yunja404&CONTENT_NU=3（上网时间：2014年2月28日）。

试析新时期韩国北极航道开发战略

重新调整。韩国政府计划加大这方面的基础建设投入,同时也可平衡相关地方政府对参与北极航道建设的竞争,促进落后地区的发展。

对外方面,韩国政府的战略也很明确,即谋求地位、培养人才、扩大合作。首先,鉴于挪威、俄罗斯等国在北极航运及航道所有权方面的领先性与权威性,韩国计划积极与其共同研究、探讨合作,通过举办各种形式的共同研究活动与国际会议,扩大韩国在北极航道方面的知名度,并在货物运输的基础设施建设、中转港建设、商业运行等多方面推进共同合作。其次,与俄罗斯合作培养北极航道航运人才。船舶在通过北极航道时,必须要有具有北极航行经验的领航员领航,韩国在这方面的人才非常缺乏。鉴于俄罗斯在该领域的先进性与权威性,韩国计划通过与俄罗斯合作,加速培养冰海领域的领航员。同时,韩国也为在国内选拔极地船员积极准备。最后,韩国还计划与俄罗斯合作,在 NSR 航道沿岸开发建设中转港。NSR 航道途经的俄罗斯大部分港口,都位于远东地区。该地区的港口基本上都是苏联时期建设的,设备老化落后,难以适用北极航道开通后的使用需求。为此,俄罗斯已经制定了《港口开发战略》,准备对这些地方进行开发建设。韩国政府则希望借此机会,积极推进与俄罗斯签署港口开发合作的谅解备忘录,既为本国企业获得基建合同,也能扩大自身在 NSR 航道使用过程中的优势。

三、韩国北极航道开发战略的特点

北极航道开发对于韩国最重要的现实意义就在于航道和资源。韩国灵山大学海云港湾管理学科 Hong-Seongwon 教授明确指出:北极开发对于韩国的重大利益就在于北极航道的航运、北极资源能源开发以及开发后的资源能源运输，① 即航道与资源两个部分。众所周知，韩国是一个资源相对匮乏的国家，国家发展模式主要为出口导向的外向型经济。韩国又是一个半岛国家，长期以来对面向全球的进出口运输有巨大需求，为此韩国的造船、航运以及海洋成套设备等产业获得了巨大发展，很多领域都具有国际先进水平，形成了很强的海洋运输产业比较优势。北极航道的商业开发为韩国的这些优势提供了广阔的发展平台。但作为北极域外的中等国家，韩国在参与北极事务中的政治分量不足，所以其北极航道战略具有明显的依存性、合作性、主动性等特点。

第一，依存于北极域内大国的航道战略。

韩国一直以来对于极地研究采取"重南轻北"的战略，所以对北极事务参与相对较晚，且在参与之初以科研为主，在北极航道开发等问题上不占优势。针对自身对北极事务参与不足、在北极事务中分量不足，且北极域内国家竞争激烈的情况下，韩国政府在北极航道上采取依附北极域内大国的战略，即通过与北极域内大国（主要为俄罗斯、挪威）间采取全方位的双边密切合作的方式，借助对方优势，保证并促进自身在北极航道开发上的利益及持续发展的可能性。

在北极航道的使用过程中，韩国对俄罗斯北极航道政策、破冰船、海水信息、气候信息等方面的依存度可谓相当之高。由于俄罗斯认为北极东北航道 NSR 段属于其沿岸海域，属于俄罗斯领海，受其国内法律管辖，所以对于来往船只并不按照国际海域条例，而是按照其国内法律规则进行管理，这就意味着俄罗斯对于在这一段航行的船只具有绝对的管辖权，且对于在这一段海域的破冰船使用、水文信息、海冰面信息、天气信息等航道使用的必备信息方

① Hong-Seongwon，"北极航道与北极海资源开发：韩俄合作与韩国战略"，《国际地域研究》第 15 卷第 4 号，pp. 95 – 124。

面，有相对苛刻的规定。例如，在这一段海域租赁俄罗斯核动力破冰船的费用高昂，且价格会出现大幅度波动，又例如俄罗斯对这一段海道的信息独享等，这都对使用 NSR 航道的来往船只造成很大程度的负面影响。但这段 NSR 航道正是韩国主要利用的北极航道。在这样的背景下，特别对于韩国这样的小国来说，对俄罗斯的高依存度不可避免。

第二，多层次多角度多边合作的北极航道战略。

虽然韩国在北极航道问题上对俄罗斯存在高依存度的问题，但其与俄罗斯的合作并没有仅局限在航道的开发建设问题上，而是积极发展与俄罗斯发展包括北极航道在内的整体北极事务的多层次多角度合作，力图进一步密切与俄罗斯在北极事务及其他相关事务方面的合作，平衡韩国在航道问题上依存度过高而可能出现的风险。例如在船员培训、NSR 航道的沿岸港口建设等方面，韩国与俄罗斯相继签订各种协议与谅解备忘录，不断深化两国关于北极航道的合作。而且韩国并没有只局限于与俄罗斯的合作，韩国与北极域内的另一大国挪威也进行了关于北极开发的卓有成效的合作。

在多边领域，韩国强化并扩大与北极理事会的联系，加强了与北极理事会其他观察员国的联系，积极参与北极相关的各种组织、团体的活动，扩大其在北极事务中的地位与话语权。值得一提的是，韩国积极参与北极相关国际法律、特别是相关经济方面法律的制定工作。

可以说，针对北极航道问题，韩国与北极域内、域外国家进行了多层次、多角度的双边、多边合作，一定程度上平衡了自身在北极航道问题上对俄罗斯的高依存度。

第三，积极主动为自己谋利益的北极航道战略。

在对外进行积极合作的同时，韩国国内也掀起了一股北极热。从 2009 年开始，韩国官、产、学、研等各方面开始对北极航道进行深入研究、探讨，并相继发布了系列研究报告。在政府层面，朴槿惠政府将北极航道建设列为重大国政课题，并由多部门协调，出台了北极政策的推进计划案，目标就是要积极谋划以北极航道为主的国家产业发展新动力。朴槿惠总统在任内第一次访问釜山时的讲话中指出，政府将积极支持釜山，争取将釜山建成为东北亚的海洋首都，带动地区经济发展。并承诺在铁路规划、资金等方面给予积极支持。可见，政府并没有将北极航道建设单纯看成一个独立的新产业，而是将北极航道建设与国内建设联系起来，希望通过北极航道的开发，带动整个地区的经济活力。从地方层面看，在朴槿惠政府宣布将北极航道建设列入重大国政课题后，以釜山为首的韩国重要港口，纷纷出台了各自的北极航道计划，各地方政府、议员等也纷纷上书中央或发表演说，要求参与北极航道开发。

由此可以看出，韩国在对外积极合作开发北极航道的同时，内部也在积极呼应谋划，希望通过北极航道的开发建设，带动沿海区域经济，获取经济发展新动力。

四、韩国北极航道战略面临的制约因素

通过以上对韩国北极航道战略的内容及特点的分析，可以看出，制约韩国北极航道开发战略的因素，主要有以下三个方面：

第一，韩国是北极域外中等国家，政治地位不强，相关研究、技术储备不足，在参与北极开发的过程中存在一些劣势。韩国是北极域外国家，2013 年 5 月刚取得北极理事会正式观察员国地位。虽然韩国政府希望以此为契机，积极谋划其北极政策，但不可否认的是，相对其他参与北极事务的国家，韩国既不是政治大国，也不是北极海邻国，所以在参与北极事务的过程中话语权

份量不足。这就让韩国必须注意既不要冒犯参与北极事务的政治大国（如俄罗斯、美国）的利益和意愿，也要寻求俄罗斯、挪威等具有相关先进技术的邻近国家的合作与支持。另外，虽然韩国有借北极航道建设将釜山打造成东北亚航运中心的想法，但中国、日本也有类似想法，而且竞争力也很强，韩国未必就一定有胜算。

第二，由于韩国一直以来在极地政策上"重南轻北"，以致于其对北极事务的法律、组织层面准备不足。相对于中国、日本较早就开始了对北极开发的组织和制度准备，韩国政府近期才开始决定设立政府专门机构管理北极事务，而且至今韩国还没有关于北极的整体战略和关于北极航道通航的正式政策及法律文本出台。韩国认为，为了开发北极航道，不仅航运部门，其他诸如外交、资源开发、环境、地域文化等多部门和层级的国际合作也都需要同时展开。其他国家的北极政策中，基本上都统合了包含海运、水产、造船、海洋环境等各方面在内的政策，而韩国政府在这方面的绝大部分活动实在可称为"低调"。① 针对这些不足，韩国各界对政府的声讨、谴责声音不断，最近韩国政府发表的《北极综合政策计划推进案》，也正是在这样的压力下出台的。

第三，由于北极航道的冰层不同于南极的一年生冰面，北极的多年生冰面对破冰船的要求较高，特别是韩国主要利用的 NSR 航道所用的核动力破冰船只能由俄罗斯提供。其租赁价格高昂（表3）且存在突发性价格浮动问题，所以在通航费用方面韩国可能会面临很大的不确定性，但是短期内除了沟通协商外也没有其他应对办法，但协商效果并不明显。

---

① SeonHee-Om："关于北极海的国际动向与我们的应对方向"，《海洋水产》第 2 卷，第 232—240 页。

表3：NSR 破冰船最高使用费——针对货物运输

分类	卢布/吨	美元/吨
集装箱货物	1048	32.6
非铁金属	2050	63.7
机械装备类	2464	76.5
汽车类	2576	80
商业用金属类	1747	54.3
其他	1048	32.6
散装货物	707	22

注：1 美元 = 32.20 卢布（2011 年末标准，俄罗斯中央银行）。

资料资料：根据 Jumin Song，《北极航道使用现况与俄罗斯的商业化政策》（《海洋水产》第 2 卷第 3 号，第 106 - 121 页）中数据整理而成。

除了破冰船技术和费用问题，韩国在北极航道使用方面还存在很多其他困难。从刚刚试航回来的韩国海运公司的分析来看，在航行过程中恶劣的气候、海冰面散冰的不确定性、NSR 沿岸救难服务中心等配套设施的严重缺乏、由于恶劣气候导致的通信不畅、无法共享各种信息等，都让韩国在北极航道的利用上存在很多困难与挑战。其中有些是短期的，通过更多的试验和航行可以慢慢解决；有些却需要和其他国家进行沟通、协调与合作才能解决，这就不仅仅取决于韩国自己，还要看其他国家的态度和利益取向了。

五、结论

新一任韩国政府已经将北极航道的开发建设定位为重大国政课题，其北极航道战略的目标，是要通过积极利用这一连接欧亚大陆的海运近道，确保韩国在世界海运中的领先地位、开辟新的商业市场，同时通过连接国内各个港口，带动沿岸地区发展，并通过沿岸港口投资建设等一系列措施，为进口北极地区的资源、进行能源开发及开发后的运输做好准备。韩国在造船、海运、海洋成套设备等方面的强大市场竞争力，是韩国北极战略推进的基础，也是相对于其他北极事务参与国来说韩国的重要优势。

但是韩国的政治地位和与北极相关的政策、技术储备不足，都对这一战略的实施构成了一定的限制。相较于参与北极事务的中国、日本、俄罗斯等政治经济大国来说，韩国尽管也是发达的新兴经济体，但也只能算是中等国家，在国际政治、经济实力和影响力方面有其局限性，所以在北极航道战略的执行过程中，只能采取依赖与合作的态度。

在韩国积极推进北极航道战略的同时，中国也几乎同期在进行北极航道的开发。与韩国一同成为北极理事会正式观察员国之后，中国的"永盛"轮也于 2013 年 8 月 15 日从太仓港起航，9 月 10 日到达并停靠鹿特丹港，成为首艘成功经由北极东北航道到达欧洲的中国商船。[①] 同为东北亚地区北极域外国家的韩国与中国，虽然在一定程度上存在竞争关系，但在更多方面也有相当的合作空间。例如建立中韩日俄间的协商通道，讨论关于破冰船费用、相关法律及管理上的问题；在推进船舶用品流通、海运交易所、船舶管理设施、商业园区的建设等方面交流合作；在共同参与开发俄罗斯北极沿岸港口建设等方面，中韩之间都能够找到合作的空间。所以，密切关注韩国的北极航道开发战略，积极地参考、借鉴、利用韩国北极航道建设，促进中韩在相关领域合作，从而进一步推动中国的北极航道开发建设具有重要意义。

---

① 中国船舶在线："中国商船首航北极航道"，2013 年 10 月 17 日。参见：http://www.shipol.com.cn/xw/zonghexx/277021.htm（上网时间：2014 年 2 月 26 日）。

印度对北极的关注

乌塔木·库马尔·辛哈[*]

译者　张　耀　校译者　于宏源

导　论

印度的极地科学研究以及技术合作肇始于 20 世纪 50 年代，而现在印度对北极事务的介入也将成为其中的一部分。观察人士通常将印度的介入方式描述为"知识—权力结合型"，而且是一种"保证后殖民时期决定性参与的可靠催化剂"。[①] 印度在联合国中一贯坚持提出"南极问题"，这使得南极条约体系更为民主。而且，尽管国际反应不一，但印度仍然坚持南极属于"人类共同的遗产"。[②]

印度的外交政策特点是兼备实用主义与谨慎的理想主义。作为一个崛起中的、有影响力的大国，责任意识是印度自我形象认知中

---

[*] 乌塔木·库马尔·辛哈（Uttam Kumar Sinha），印度国防研究分析研究所研究员。

[①] S. Chaturvedi, 'Indian Foreign Policy and Antarctica: Towards 'Post-Colonial' Engagement?', in Brady, A (ed.) *The Emerging Politics of Antarctica*, Oxon, Routledge, 2013, pp. 50 – 69.

[②] Press Information Bureau, Government of India, 'XXX Antarctic Treaty Consultative Meeting (ATCM) in New Delhi', http://pib.nic.in/newsite/erelease.aspx? relid = 27286, 2007 (accessed 21 July 2014).

的重要元素。印度的世界观已不再局限于殖民者遗留下来的传统的地缘政治定位，或受到冷战期间西方国家行为方式的影响。今天的印度不断重新评估和反思其在全新的全球地缘政治空间中的角色。在这种重新定位和走向"全球知识共享"的运动中，南北极是其重要的组成部分。

2013 年 5 月，中国、印度、日本、韩国和新加坡 5 个亚洲综合强国被接纳为北极理事会的正式观察员。这几个国家并非北极国家，甚至有几个位于赤道附近，那么它们在遥远的北极能有什么潜在的利益？这篇文章首先会对这些亚洲国家在北极的利益提出一些初步看法，然后会重点分析印度方面对北极事务的参与。文章认为，印度对北极的关注，必定会激发印度的科学和战略团体制定应对北极地球物理变化的预防性政策，并且抓住潜在的商业机会。然而，由于印度的地理位置因素，印度的政策与其他亚洲观察员国也有着微妙的不同。

一、亚洲与北极

亚洲国家成为北极理事会观察员国说明北极冰川融化造成的全球影响越来越大，北极治理中亚洲因素变得越来越重要。在北极理事会中，关于 8 个北极国家之外的其他国家是否应该参与北极事务，曾有过激烈的争论。

亚洲国家的北极政策处于早期阶段，但是它们都发现了通过参与北极事务，可以获得提高它们在地区和全球形象的机会。北极形势的快速发展，将进一步促使这些国家确定和强化它们的外交政策目标。亚洲国家的目标未必是统一的，它们有着不同的取向。例如，对印度而言，在政策形成的早期阶段，是从生态的视角观察北极的气候变化带来的影响。

北方航道（NSR）的开通显然会给中国、日本和韩国带来巨大收益。而且，日益动荡的埃及和西亚地区形势将使得北方航道成为稳定的备选方案。而对印度来说，这项收益却是微乎其微。对其他国家而言，这条航路还将使它们与资源丰富的俄罗斯北部相连接。中国的能源和矿产资源要经过马六甲海峡运输，而一条像北方航道这样较短的航道将会减轻马六甲的困局。未来几年，中国很可能会通过北方航道加大对欧洲的出口，此外，更重要的是，中国将会从北极地区进口自然资源，包括碳氢化合物（烃类）。北方地区的发展预计将会重新定义中俄关系，两国将成为北极地区新兴的重要力量。

作为一个有影响力的海洋国家，新加坡对北极的国际海事政策的兴趣非常之高。鉴于其在港口基础设施和海洋工程方面的能力，新加坡将会在北极开发活动中飞跃发展。在新加坡的托运人和商人很可能会利用北方航道开通后欧亚间贸易的增长而乘机获利。对于日本而言，北极政策的关键动因是中国和俄罗斯崛起之后北极地区原有权力平衡的变化，并且希望借助北极航道将其进口多元化，尤其是一直以来从俄罗斯进口的化石燃料和液化天然气。这对日本来说是意义重大的，尤其是在它不得不因福岛核泄漏事件关闭了核电站后。一份日本国际事务研究所的报告建议，日本政府应在内阁办公室中成立一个北极事务办公室，以协调日本的北极事务。①

---

① The Japan Institute of International Affairs, 'Arctic Governance and Japanese Diplomatic Strategy', in Japanese, 2013, p. 97 p. http: //www2. jiia. or. jp/pdf/resarch/H24_ Arctic/09 – arctic_ governance. pdf. For a review of the report in English, see http: //www2. jiia. or. jp/en/pdf/research/ 2012_ arctic_ governance/002e – executive_ summery. pdf, (accessed 21 July 2014).

二、印度与北极

印度不是北极的外来者。洛卡曼亚·迪拉克（LokamanyaTil-ak），一位传奇的革命者和学者，曾在1903年其著作《北极的家在吠陀》（The Arctic Home in the Vedas）中提出"雅利安人的老家在北极"的观点。Tilak认为雅利安人起源于北极地区，随后往南迁移，并分成了两个分支。一个分支来到了欧洲大陆，而另一分支则到了印度。迪拉克的书对于吠舍的历史来说是一份无价之宝，它构建了印度的祖先与北极的联系。[①] 此后，作为大英帝国殖民地的一部分，印度参与了1920年签署的通常被称为《斯瓦尔巴条约》的《斯匹次卑尔根条约》，该条约确定了挪威对北极的斯瓦尔巴群岛拥有主权。不过，近来人们已经将注意力放到了快速变化着的北极的地理变化上，并将其列为议程的优先选项。北极现在已成为印度全球政策中一个重要的地理分类。还有一点必须强调，近来在印度的政策中北极占据了重要地位，其原因在于印度的气候变化与其在全球事务中经济和科学地位之间联系的强化。

极地研究在印度已成为其海洋思维的一个分支。对印度而言，海洋和海岸线是至关重要的。海洋对于物理和气象条件有着重要影响，由于意识到其庞大海岸线的重要意义，印度于1981年建立了旨在"为了治理资源以及不同物理、化学、生物过程，而更加深入地了解海洋制度、科技发展以及技术援助的角色"的海洋发展部（DOD）。[②] 时任印度总理英迪拉·甘地对科学技术的进展表现

---

① U. Sinha, 'The Arctic: Challenges, Prospects and Opportunities for India', Debate, *Indian Foreign Affairs Journal*, vol. 8, no. 1, Jan-Mar 2013, p. 23.

② Ministry of Earth Sciences, Government of India, 'Ministry of Earth Sciences', http://dod. nic. in/dodhead. htm, （accessed 21 July 2014）.

出了极大的兴趣，并且认为它们对印度的发展、国际地位以及知识贡献至关重要。印度在核能和原子能研究领域的进展、外太空开发以及其后的极地研究，都获得了必要的政治推动力和持续的资金支持。

印度在海洋领域的知识缺乏，经验尚浅，因此海洋发展部的建立就是为了促进印度的研究机构在海洋领域的研究能力。此外，海洋科学的复杂性决定了它需要广泛的跨学科的研究方式。因此，海洋发展部便成了帮助正确、快速进行海洋开发项目的中央机构，以推动印度成为走在学科发展前沿领域的国家，并且在"理解海洋是人类的共同遗产的精神"下，与发展中国家和发达国家紧密合作。① 海洋发展部的一个项目就是"南极科考与极地科学"。海洋发展部一直是负责监控和研究南极的中心机构，而且 1983 年印度在南极建立了一座永久科考站，

印度并不是于 1961 年签署生效的《南极条约》的最早签署国，但由于其"在南极进行了大量实质性的研究工作"，② 因此在 1983 年 8 月 19 日加入了该条约，并且获得了参与协商会议的权利。③ 印度还是"南极研究科学委员会"（SCAR）、"南极海道测绘常务委员会"（SCALOP）的成员，以及"南极海洋生物资源保护公约"的缔约方和"亚洲极地科学论坛"的创始国。④ 印度是"关于环境保护的南极条约议定书"最早的支持者，并且在 1996 年 4 月批准了该条约。有趣的是，印度在南极得以行动的根源实际上来

① Ministry of Earth Sciences, Government of India, 'Ministry of Earth Sciences', http：//dod. nic. in/dodhead. htm, （accessed 21 July 2014）.

② The Antarctic Treaty, Art. IX. 2, http：//www. ats. aq/documents/ats/treaty_ original. pdf, （accessed 21 July 2014）.

③ Ministry of Earth Sciences, Government of India, 'Scientific Research in Antarctica', http：//dod. nic. in/antarc1. html, （accessed 21 July 2014）. Ministry of Earth Sciences, Government of India, 'Ministry of Earth Sciences', http：//dod. nic. in/dodhead. htm, （accessed 21 July 2014）.

④ Ibid.

源于"印度空间研究组织"（ISRO）与"俄罗斯水文气象中心"共同签订的协议。

印度极地政策的构想非常有意思。印度与北极的连接是通过其种族记忆和殖民参与，前者证明北极是雅利安人的老家，后者则是指印度作为大英帝国的一部分参与了 1920 年《斯瓦尔巴条约》的签订。另一方面，印度对南极的参与则算是一种科学投资——印度的极地研究实验室赋予了印度逐步参与北极事务的能力和资格。两极现在已经成为解释包括大气污染在内的环境问题、以及了解天气预报模式和重要的洋流模式系统的重要因素。事实上，极地科学十分有助于理解复杂的、相互关联的全球问题。

三、印度对北极的关注

正如之前所解释的，印度在北极的主要目标是科研考察以及了解在这一地区主流科学的发展——以一种被视为"生态学"的视角参与。但任何认真考虑北极事务的人都不能忽视这样一个事实，那就是由于冰川融化，北极已成为一个非常活跃的地缘政治空间。随着当前北极地理环境变化所带来的机遇，印度的地缘经济优势将很容易集中于此。根据经合组织（OECD）在 2012 年 4 月发布的报告，从购买力平价（PPP）来看，印度已经超越日本成为了世界第三大经济体。[①] 高速发展的工业使得印度对原材料，尤其是碳氢

---

① D. Banerji and R. Shah, 'India overtakes Japan to become third-largest economy in purchasing power parity', The Economic Times, 19 April, 2012, http：//articles. economictimes. indiatimes. com/2012 – 04 – 19/news/31367838_ 1_ ppp – terms-india-s-gdp-power-parity, （accessed 21 July, 2014）.

化合物（烃类）的需求快速增长。据估计，到2031—2032年前，[①]
印度的主要能源消耗将以每年5.8%的增速持续增长，以满足其
GDP每年9%的增长率。根据国际能源署（IEA）的预测，直到
2030年前，印度都将成为继中国之后的第二大刺激全球需求的国
家——它将贡献全球能源需求增长的15%，而且将在国家公共事
业的能源消耗上排名世界第三。作为一个"行星式国家"，这个词
近来常被用来描述印度和中国，在资源需求和生态影响方面，印度
可能会在经济发展的北极地区寻找合作伙伴，以满足其自身快速增
长的经济。然而，这并不能被解读为印度对北极地缘经济增长和发
展蓝图的重构，印度既没有意图也没有意愿，甚至也没有必要的资
金去这么做。

在现阶段，对北极生态方面的关注，例如气候变化带来的风险
和脆弱性，比在北极寻找碳氢化合物的现实政治较量更为重要。印
度对北极的关注有三大原因。这不仅是因为印度现在是北极理事会
的正式观察员因此获得了合法的权益，更重要的是因为印度作为一
个积极的全球事务参与者，在国际事务中有其规范性的立场和值得
被倾听的声音。

第一个关注点涉及地缘政治的考量，在北极这一点是动态多变
的，而且在很多意义上是唯一的。任何国家，无论其体量或是政治
影响力的大小，都对北极的相关问题影响重大。其中一些问题通过
多边方式解决，而另一些问题通过双边方式解决。北极地区有着高
度发展的发达国家，在那里盟友可能会变成敌手，为了利益发生冲
突，对手之间也可能会为了利益相互合作。北极的战略价值只会不
断提升，无论是在资源勘探开采，还是新航路的开通方面。这些将
会使得各国产生政治分歧，进而导致高政治问题出现，尽管实际上

---

① Planning Commission of India, 'Power and Energy', http：//planningcommission. nic. in/ sectors/index. php？ sectors＝energy, 4 April 2014,（accessed 21 July, 2014）.

现在北极的局势还并不紧张。资源争夺将不可避免地导致各国发生摩擦，从而使得北极成为潜在的竞争区域。另一方面，新航路的开通有可能会促进新的合作，刺激制度和机制形成。无论该地区是竞争，是合作，还是二者兼而有之，印度都必须警惕地缘政治变化。北极的政治温度可能会以不同的方式升温。直接的原因可能是探讨当冰层变薄甚至可能消失时，"谁"可以开采石油？"怎样"进行新的海洋划界？"谁"将控制新出现的海上交通？也许在某个阶段将会出现更大的问题："谁"拥有北极？① 因此印度无法无视这些争论。

同时，印度还需要更新知识，了解相互冲突的大陆架主张问题，以及在美国和加拿大之间存在的关于国际水域和内水的意见分歧。我们可以认为，俄罗斯是北极的重要参与者。印度对俄罗斯的关注是十分重要的，因为它是印度的长期传统合作伙伴。对印度而言，俄罗斯十分关键，它是抗衡任何"权力向西倾斜"的重要力量。中俄关系以及由于中国崛起俄罗斯外交政策可能出现的变化，对于印度制定北极更广泛的战略框架十分重要。如果莫斯科由于中国崛起而决定与西方建立更紧密联系的话，这将制衡中国在北极的利益。而另一方面，如果北京愿意与莫斯科建立更紧密的关系的话，这将会助推中国在北极的参与。② 印度还必须密切关注其他亚洲国家在北极的动向。例如，北京已经明确阐述了北极的"公地"地位，也就是说，没有任何国家拥有北极的主权，在那里的资源是开放给所有人开发和使用的。

印度对北极的第二个关注点是法律因素。必须牢记的是，北冰洋是一个被陆地环绕的半封闭海洋，与所有的公海一样，它受《联合国海洋法公约》（UNCLOS）所管辖。而南极洲恰好在地理上

---

① U. Sinha, 'The Arctic：Challenges, Prospects and Opportunities for India', Debate, *Indian Foreign Affairs Journal*, vol 8, no. 1, Jan-Mar, 2013, p. 23.

② Ibid.

与之相反，它是由一片海洋所包围的陆地。1982年批准通过，于1994年生效的《联合国海洋法公约》并没有给予北极特殊的地位——北冰洋与其他海洋没有区别。不过，在第234条中，公约给予了北极沿岸国家在其专属经济区（EEZ）范围内的特别监管和执法权，目的在于减少和控制由船只带来的海洋污染。尽管有着法律法规，但是由于北极地理的变化，各国对现行法律解释的分歧仍然可能发生。《联合国海洋法公约》规定了有关海洋事务和海洋法的所有事项的普遍制度。它是地区和国家海洋政策的基础，也是相关地区和国际文件的基础。① 因此，如果印度要积极参与北极事务，那么弄清公约规定的法律制度到底是什么？什么问题是关键？公约是否提供了解决那些重要问题的适当框架，尤其是对新航路的航行、对丰富的油气资源的开采和管理的法律制度？就显得尤为重要了。

除了美国，所有的北极国家均是《联合国海洋法公约》的成员国，而且所有的国家，包括美国，认同《联合国海洋法公约》中的法律制度也适用于北极。然而，尽管存在法律，这些法律经常会与国家主权发生冲突。在问题得到解决前，在北极的主权主张和反主张不会中断。印度有着长期的极地研究经验，有着超过50年的积极参与海洋法谈判的历史，有着深海探索的经验，这些使得印度可以在一些科学研究项目的管理以及航运保障方面有效地贡献其独特的力量。②

印度对北极的第三个关注在于资源勘探。据说北极拥有着最大的尚未开发的天然气储量和石油储备。它被称作为能源开发的"最后边疆"。这些潜藏的资源大部分在海上，在北极的浅层大陆

---

① This emerged from a discussion in the AsiArctic conference on September 23, 2013, at the Institute for DefenseStudies and Analyses (IDSA), New Delhi. See IDSA, 'The Geopolitics of the Arctic: Commerce, Governance and Policy', http://www.idsa.in/event/TheGeopoliticsoftheArctic, 2013, (accessed 21 July, 2014).

② Ibid.

架上。人们通常的印象是，北极的石油和天然气储量会解决全球能源稀缺问题。但他们忘了许多已经探明的储备由于生产周期短和低温的原因而无法进行开采。任何石油和天然气的开发都需要在这整片生态易破坏区域建设大量的基础设施。因此并不奇怪的是，荷兰皇家壳牌公司于 2012 年夏季在楚科奇海（Chukchi Sea）的勘探和钻探工作落后于预期进度。同样的，"凯恩能源"对格陵兰海岸探井的高额投资并没有获得任何商业发现。

北极地区的另一资源是巨大的矿产。俄罗斯的北极地区可能是开发最完全的，拥有大量的镍、铜、煤炭、金、铀、钨和钻石储量。根据《联合国海洋法公约》第 11 款的规定，[①] 印度被公认为是调查和勘探国家管辖范围外的印度洋中部多金属结核区的首个先驱投资者。[②] 在 2002 年 3 月，印度与国际海底管理局签署了一份在印度洋中部进行多金属结核勘探的为期 15 年的合同。管理局还通过了区域内多金属硫化物勘探的条例和勘探富钴结壳的条例。印度可以将这种在国家管辖范围外进行勘探和开采资源的经验带到北极。

显而易见的是，北极石油和天然气的开采主要受到商业利润的驱动。由于因地理位置因素产生的技术难题、自然灾害以及未解决的海洋边界划界争端等，国际能源署（IEA）认为，北极的石油生产成本将会非常之高。在天然气方面，在美国国内页岩气产量突然井喷，并继而使得价格水平快速下降之后，高北地区的天然气不仅将没有竞争优势，而且还存在着实际上的开采困难问题。在对北极资源进行开发时，还面临着强烈的环境隐忧。1989 年发生的"埃克森瓦尔迪兹"号油轮在阿拉斯加港湾的漏油事件，以及近期发

---

① UNCLOS, Part XI. http：//www. un. org/depts/los/convention ＿ agreements/texts/unclos/closindxAgree. htm（accessed 21 July，2014）.

② International Seabed Authority, 'Contractors', http：//www. isa. org. jm/en/scientific/exploration/contractors，2013，（accessed 21 July，2014）.

生的 2010 年"深海地平线"钻井平台在墨西哥湾的事故，都提醒着人们钻探活动的潜在风险和生态后果。石油和天然气公司是逐利的，虽然目前还不清楚这些公司在北极的冒险勘探有什么利润空间。在北极发现石油和天然气后最初欣喜若狂的心态已经让位于现实，北极作为"新能源之地"的地位受到了质疑。在经济利益和降低环境风险之间打破平衡将是一个巨大的挑战，但对于资源的管理和治理却是至关重要的。鉴于目前的情况，北极将不太可能成为全球能源资源的主要贡献者。[①]

第四个北极关注点是海上航线。正如前文所述，由于遇到各种困难以及全球经济陷入衰退，北极的石油和天然气的开采将走低，这使得北极成为了一个活跃的海上交通线而非石油和天然气的生产区域。随着北极冰川的融化，将开辟新的航道，《联合国海洋法公约》也早已确定了各国的各类通行权力（无害通过、转运国、群岛水域或自由通行）。不过，还必须制定实践模式和实施细则。正因如此，必须研究关于极地的法律。印度在"南极条约体系"的制定中展现了其可靠的参与作用，因此印度模式可以为包括北极探险中的科学和后勤补给工作在内的北极合作实践提供参考。

四、印度的北极政策

在自然地理、地缘政治和地缘经济快速变化的背景下，什么才是印度在北极的利益和角色呢？首先，印度在南极有着长期的极地研究，印度积极参与，并且常被认为是在"南极条约体系"的民

---

① A. Østhagen, 'Arctic Oil and Gas: Assessing the Potential for Hydrocarbon Development in the Polar Region', *Ottawa Life Magazine*, http://www.ottawalife.com/2013/07/arctic-oil-and-gas-assessing-the-potential-for-hydrocarbon-development-in-the-polar-region/, 29July, 2013, (accessed 21 July, 2014).

主化进程中的"后殖民地介入南部极地地区"的领导者。印度在最近介入北极事务，它可能是最不存在争议的国家。如前所述，印度现在是北极理事会的观察员国，但即使是在得到这一外交承认之前，印度就已经在北极地区拥有了科学协会。2008 年，印度就已在斯瓦尔巴群岛建立了科考站，并且是 10 个拥有研究设施的国家之一。过去 6 年间，有大约 40 名印度科学家在科考站工作，而且印度还计划升级该站以保证全年研究。此外，作为与挪威双边谅解协议的一部分，两位南极和海洋研究中心（NCAOR）的科学家将在印度果阿（Goa）攻读博士学位，并在挪威特罗姆瑟（Tromsø）的"高北地区气候和环境研究中心"做研究。研究和监测北极对印度至关重要。科学依据协助印度制定气候政策，并且是印度气候外交的重要组成部分。印度可能在地理位置上确实远离北极地区，但是冰川融化给全球天气系统带来的影响使得印度也感受到了北极的变化，因此，这些问题需要认真了解并且进行进一步研究。例如，需要进一步进行科学研究的问题包括：当北极冰川融化时释放的大量甲烷气体将带来什么影响？这种气体的释放对于数十亿人口赖以生存的南亚和东南亚地区的季风系统的稳定有着什么影响？

尽管印度在北极似乎长期致力于科学研究和技术合作，并没有过多着力其战略前景，但现在该地区的发展提供了一些不容忽视的商业机遇。印度虽然并不会成为北冰洋航线的主要受益者，但它可以为北极国家日益增加的经济活动提供技术人力资源。印度海军也可以为搜救行动和控制污染活动提供协助。印度和俄罗斯有着长期的海军合作历史，其中一些还是在俄罗斯北部进行。印度与俄罗斯的历史性联系和理解需要在北极这一背景下得到升级。在商业上，印度也可以借助北极航运的繁荣来促进其海洋产业的发展。随着经济机遇的出现，印度应该毫不避讳地在其北极政策中考虑经济因素，尽管印度在北极地区的重心显然仍将是科学研究、生态保护和促进资源的可持续利用。

五、北极与亚洲：一项科学事业

关于北极地区和亚洲的喜马拉雅地区的气候讨论最为突出，全球变暖在这两个区域的影响显著，主要体现在对资源的竞争和脆弱的生态系统管理方面。北极和喜马拉雅—西藏可能是世界上在生态环境方面最具战略意义的地区。在这两个区域都存在着诸如资源利用、可持续发展和全球治理等的问题。北极原本就是地球的一极，而近来喜马拉雅—西藏常被视为地球的"第三极"。在这两个区域，保护生态都应是当务之急。北极的生态足迹比较严重，排放物中黑碳高达45%，汞也有25%。① 喜马拉雅—西藏的高原冰川是极地地区之外世界上最大的冰川库之一，它同时也是亚洲众多主要河流的发源地。冰川消融、冻土融化、季风变化所产生的生态系统退化，都是正在发生的地区和全球气候变暖所导致的后果。冰川融化会导致径流的长期减少，短期来看，冰川的过快融化会使得径流水伴随着季节性的降雨，共同引发洪涝灾害。

北极和喜马拉雅—西藏尽管在地理位置上相距甚远，但却实际上紧密相连并且有着类似的忧患。喜马拉雅—青藏高原的冰川变化是当地、地区和全球范围内环境变化的结果。另一方面，北极冰川的融化有可能会导致海平面上升，并且改变原来稳定的洋流，进而导致不可预测的天气循环。科学家们认为喜马拉雅—青藏高原不仅是亚洲季风演化的关键组成部分，而且青藏高原冰川的变化对北半球的气候系统，以及在不同的时间和空间上对整个地球都有着显著

① 'New initiatives could improve EU-Arctic Relations', *Overseas Territory Review*, http：//overseasreview. blogspot. com/2011/04/new-initiatives-could-improve-eu-arctic. html, 14 April, 2011, （accessed 21 July, 2014）.

影响。① 有研究表明，北极振荡（AO）与青藏高原秋冬季节的积雪厚度有着明显的相互关系。② 科学家们认为，北极振荡与远在千里之外的天气系统有着因果关系，包括许多欧洲和北美的人口众多的城市。美国宇航局（NASA）的气候学家詹姆斯·汉森（James Hansen）解释了北极振荡怎样影响着远离北极的地区天气的工作机制："当北极振荡指数为正时，在极地地区表面压力低，这有助于中纬度的喷射气流保持强劲，并持续自西向东吹风，进而使得寒冷的北极空气停留在极地区域。当北极振荡（AO）指数为负时，在极地地区压力较高，因此寒冷的极地空气就大规模地向中纬度地区移动了。"③

20 世纪 70 年代末期以前，北极振荡在其负相位，青藏高原上的积雪厚度在秋天增加，并在冬天减少。自 20 世纪 80 年代早期以来，北极振荡一直处于正相位，因此导致青藏高原的积雪厚度有所下降。此外，从青藏高原藏驴湖（Kiang Lake）底部的沉积物来看，由于全球变暖，风的模式发生了变化，使得地区的灰尘增多。④ 美国地球物理学会（American Geophysical Union）认为，这一趋势可能将会加速喜马拉雅地区重要冰川的融化，并且影响到已经处于危急状态中的水供应。

青藏高原灰尘颗粒增多的原因，曾一度被归咎于过度放牧和当地人活动的增加。但现在科学观测显示，尘土密布时期正处于北极

---

① As noted by Syed Iqbal Hasnain, United Nations Environment Program Committee on Global Assessment of Black Carbon and Troposphere Ozone, available at: http://www. unep. org/dewa/portals/67/pdf/BlackCarbon_ report. pdf, (accessed 1 August, 2014).

② J. Lü et al, 'Arctic Oscillation and the autumn/winter snow depth over the Tibetan Plateau', Journal of GeophysicalResearch: Atmospheres, vol. 113, issue D14, 2008, p. D14117

③ J. Hansen, R. Ruedy, M. Sato and K. Lo, 'If It's That Warm, How Come It's So Darned Cold?. Available at: http://www. columbia. edu/~ jeh1/mailings/2010/20100115 _ Temperature2009. pdf, (accessed August 1, 2014).

④ 'Is Global warming making Tibet Dustier?', Science Now, January, 2011. See: http://news. sciencemag. org/sciencenow/2011/01/is – global-warming-making-tibet-d. html.

振荡的"正相位"时期。在正相位阶段，夏季的青藏高原风力更加强劲。粉尘含量与北极振荡的这种联系尽管并不精确，但却足以表明灰尘较多的大气会加速喜马拉雅冰川的融化。常识告诉我们，当灰尘沉降在白色的冰中时，将会使冰变得灰暗，进而吸收辐射，加速融化。灰尘还会使得上方的空气变暖，加强季风环流模式，进而影响雨水，改变降雨模式。

北极的冰川融化抬高了海平面，西藏冰川的融化将增加许多河流的流量，从浇灌中国超过一半耕地的长江，到对印度和巴基斯坦的农业中心地带至关重要的印度河水系。进一步的研究发现，40%的高原冰川可能会在2050年前消融，研究还表明，全面的冰川萎缩是不可避免的，而且将会导致生态灾难。

气候变暖对西藏冰川的影响以及其与河流流量的直接关系，为南亚和东南亚的河流下游国家创造了一个提出共同关心的问题、并且把中国拉入地区对话以共同研究气候变化对冰川以及降水模式影响的机会。在北极理事会中，中国和印度作为重要的观察员国，可以发起对这两个地区的雪、水、冰和冻土的研究。这些研究的成果将帮助两国在该地区做好预防性政策的准备。依赖发源于西藏的河流的下游国家，也应该倡导建立一个新的生态机制以保护和共享青藏高原。对于北极而言，也可以提出类似的问题。如前所述，"这5个地理位置远离北极圈的国家是否拥有权利，在追求自身经济利益的同时，一起参与构建世界生态的未来？"[1]

对于北极和西藏而言，还有一些需要被解决的共同问题和变化着的现实，尤其是是北极的资源（石油和天然气）以及西藏的资

---

① Shyam Saran，'Why the Arctic Ocean is important to India'，*Business Standard*，12 June 2011. See：http：//business-standard. com/india/news/shyam-saran-whyarctic-ocean-is-important-to-india/438716/，（accessed 21 July, 2014）.

源（淡水）是否能被视作"全球公域"①或是"人类的共同遗产"。② 不过没有两个问题会是完全相同的，在对待二者的相似之处时，我们必须慎之又慎。此外，许多国家会基于主权和领土管辖权质疑"全球公域"或是"共同遗产"的原则。不过，在当下这个全球治理和预防政策的时代，这种提法确实是一个很有意思的想法。

六、结论

今天的北极正处于一种矛盾局面之中，一方面，北极拥有众多重要的经济利益，而另一方面，北极需要气候保护和资源管理。无论面对哪一种情况，我们都需要进一步的研究考察、数据收集以及信息梳理以强化政策的针对性。亚洲国家并非没有受到北极变化的影响，他们一直在用战略的眼光看待北极事务。除了印度和新加坡，其他亚洲国家的利益与北极地区的经济发展紧密相连，尤其是北方航道的开通提供了发展的绝佳机会。在未来几年，远东的亚洲

---

① In the latter part of the twentieth century, the term 'commons' has expanded to include intangible resources such as the internet, open-source software, and many aspects of culture. The term 'global commons' is more recent and has several meanings: those resources that are shared by all of humanity, such as the sky, the oceans, or even the planet itself; the sum of various local and regional commons across the world; and a philosophical position suggesting that humankind has both a right and a responsibility to steward the wise use of the earth for all living species, as well as for future generations. See United Nations Institute of Training and Research, 'Introductory e-Course to the Global Commons', at http://www.unitar.org/event/introductory-e-course on global-common.

② The concept of the common heritage of mankind was first articulated in 1970, when the UN General Assembly adopted a Declaration of Principles governing the seabed and ocean floor. Now this concept includes outer space, the legal status of lunar minerals, geostationary orbit, radio-frequencies used in space communication, solar energy, low earth orbits and Lagrange points, the internet, etc. The Arctic according to non-Arctic Asian countries is rightly called the 'common heritage of mankind'. See Col PK Gautam, 'The Arctic as a Global Commons', *IDSA Issue Brief*, 2 September 2011. Available at: http://www.idsa.in/system/files/IB_ ArcticasaGlobalCommon.pdf.

国家对北极事务的介入只会越来越深，但同时我们还必须重视一个问题。那就是北极海冰的融化将会对全球关键的洋流和大气环流造成负面影响。尽管从短期来看，经济机遇正不断增多，但从长远来看，北极冰层的快速融化是否是一种积极的发展还是未知数。因此，亚洲国家应该互相协调，以减少北极冰层融化可能带来的负面影响。

利用区域合作平台深入开展
北极科学研究

——以太平洋北极工作组（PAG）为例

何剑锋*

前　言

随着2007年夏季海冰覆盖面积达到当时有历史记录以来的最低值，以及俄罗斯在北冰洋底高调插旗，北极越来越得到各国、特别是北极考察各国的关注。一方面，随着海冰消退和北极丰富资源开发可行性的增加，北极国家、特别是北冰洋沿岸五国普遍采取了排外的政策；而另一方面，北极夏季海冰覆盖面积的快速减少和普遍升温，已导致本地和北半球中高纬度地区的气候变化、以及航道等资源可利用性的提高，更多的北半球国家希望参与北极事务。在这对矛盾中如何更好地参与北极事务，是摆在非北极国家面前的一大课题。科学考察是中国参与北极事务的一个低敏感度和最有效的

* 何剑锋，国家海洋局极地科学重点实验室常务副主任、中国极地研究中心极地海洋学研究室主任、研究员。作者感谢上海国际问题研究院杨剑副院长邀请参加"亚洲国家与北极未来"国际研讨会，为PAG提供一个介绍平台。

途径，本文将通过一个新兴区域组织——太平洋北极工作组（Pacific Arctic Group，简称 PAG）发展历程的介绍，说明非北极国家可以通过区域性合作组织，更好地参与北极考察研究。

一、PAG 形成背景与主要目标

PAG 是一个由关注北极科学的太平洋国家相关研究机构和个人组成的工作组，成员来自北太平洋六国：加拿大、中国、日本、韩国、俄罗斯和美国。[①] 在国际北极科学委员会（International Arctic Scientific Committee，简称 IASC）的组织下，PAG 的使命是作为一个北冰洋太平洋扇区的区域性合作组织，针对各类感兴趣的科学活动制定计划、进行协调和合作，其主要目标包括：（1）明确北极太平洋扇区的认知差距和优先研究需求，寻求相应手段来实施相关方案和活动；（2）促进和协调 PAG 成员国间的科学活动；（3）推动和促进该扇区数据的存取与集成；（4）作为北极太平洋扇区的科学计划信息交流论坛；（5）建立和维持与其他相关科学机构间的直接联系。其十大科学主题为：

（1）承担北极太平洋扇区的季节和年际海洋观测，该海域近年来夏季海冰消融最显著；

（2）阐明北极太平洋扇区包括反馈途径在内的海洋和大气过程，这对中纬度气候变异至关重要；

（3）监测北极太平洋扇区通过降水、径流输入、海洋输送、冰川和海冰融化的淡水输入，这将提升我们对中纬度气候变异的了解，并为主题 1 提供更多的信息支持；

（4）确定并监测北极太平洋扇区生态系统以及气候变化生物

---

① http：//pag. arcticportal. org.

学指示种（海冰、水体、底栖和高营养级生物）；

（5）包括海冰厚度、范围以及气—冰—海相互作用在内的海冰热力学调查；包括海冰漂移、不同浮冰间相互作用在内的海冰动力学调查；

（6）阐明太平洋扇区大西洋高温入流水输入、北极热通量以及相关生物多样性/大西洋种入侵之间的相关性；绘制和监测包括通过加拿大北极群岛输出水在内的物理学途径；

（7）北冰洋海冰覆盖区的海底测绘非常薄弱。显著的认知差距包括水深、生物多样性、以及海流及其时空变化。对北极太平洋扇区未知区域的探测对建立海底地形、进而制定未来监测计划是必需的；

（8）通过白令海峡的太平洋入流水是热量、盐分、营养盐和生源物质（包括基因物质）输入至北极海盆的一个关键通道，它影响海冰覆盖、盐跃层形成和碳循环；

（9）近岸过程和海底永冻层动力学是浅陆架区重要过程，它们受气候变化的影响；

（10）太平洋通道的开闭在地质历史时期发生，对北极系统造成戏剧性影响。相对上述其他主题的短期研究而言，海洋沉积中的古记录能提供气候过程对比评估的长期记录。

PAG 设一个主席、两个副主席。执委会由主席、副主席和项目负责人组成。秘书处设在主席国。通常每年举行两次会议，春季会议在北极高峰周会（Arctic Scientific Summit Week，简称 ASSW）召开，以事务性工作为主，包括各国北极考察信息的交流、与其他组织/项目的交流、项目讨论、改选等；秋季会议以科学研讨为主，如有关生物学断面监测（Distributed Biological Observation，简称 DBO）数据专题会等。会员不承担年费，ASSW 期间会议费用由 IASC 提供，秋季会议的地点由成员国协商，承担方提供会议费用。

PAG 是一个年轻的区域性国际合作组织，但正在从实践中逐步成长。2002 年在荷兰格罗宁根召开的 ASSW 上，相关机构和代表开始商议在太平洋方向合作开展北极研究的问题；2003 年在瑞典基律纳召开的 ASSW 上，上述北太平洋六国经商议形成在 IASC 下成立 PAG 的提案，递交并得到了 IASC 的认可；于是在 2004 年冰岛雷克雅未克召开的 ASSW 上，PAG 召开了首次正式的会议。

中国在 PAG 的酝酿、成立和发展过程中起到了非常重要的作用。时任中国极地研究中心主任的张占海研究员积极参与 PAG 的筹建并担任了首届副主席；2006 年 10 月 11—13 日在上海召开的秋季工作会上，确定了 PAG 的十大科学主题；2008 年 2 月北冰洋太平洋扇区模式数据融合研讨会在海南三亚市召开，这是 PAG 针对特定主题的首次科学会议，相关交流成果在国家海洋局极地考察办公室和中国极地研究中心合办的《Advance in Polar Science》英文版专刊发表；2009 年在厦门召开了"海洋碳循环会议"；在 2010 年 10 月在北京召开的秋季会议上，与美方联合推出了"北极生物学断面监测"计划（DBO），这也是目前 PAG 推进的唯一合作研究计划。

二、PAG 与其他北极国际机构的关系

（一）IASC[①]

该机构成立于 1990 年，是一个非政府国际组织。其使命是鼓励和促进北极研究各方面、参与北极研究各国以及北极各地区间的合作。总体而言，IASC 促进和支持为增强对北极地区以及在地球系统中作用的巨大科学认知的多学科前沿研究。

---

① http：//www. iasc. info.

257

为了完成这一使命，IASC 实施了以下措施：（1）在一个环北极或国际层面发起、协调和促进科学活动；（2）提供机制和设备支持科学发展；（3）在北极科学事务和向公众交流科学信息方面提供目标和独立的科学建议；（4）寻求确保北极科学数据和信息是受保护的，并可自由交换和可获得的；（5）促进所有地理区域国际开放，并分享知识、后勤支撑和其他资源；（6）通过与相关科学机构的互动促进两极合作。

由于北极是地球的冷源，而南极与北极同为地球的冷源，因而 IASC 近年来极为关注与其他科学组织、特别是与南极研究科学委员会（Scientific Committee of Antarctic Research，简称 SCAR）的合作。2008 年 7 月，与南极科学委员会和国际冰冻圈科学组织签署了关于冰冻圈科学的合作谅解备忘录。① 2014 年 4 月，在赫尔辛基召开的 ASSW 会议上，IASC 与 SCAR 和 EPB（European Polar Board，欧洲极地委员会）联合签署了合作谅解备忘录。

IASC 和 SCAR 的另一个重要合作成果，是明确了需要成立一个两极联合工作小组（Bipolar Action Group，简称 BipAG）协助今后的共同行动，以及评估两机构如何可能为"国际极地年"（International Polar Year，简称 IPY）贡献一份大遗产，该提议在 2007 年加拿大魁北克召开的 IPY 联委会会议上作为信息发布。首届会议于 2008 年 7 月 8 日在俄罗斯圣彼得堡召开，第二届会议于 2009 年 10 月 15—16 日在挪威奥斯陆召开。会议取得了广泛的共识，包括：协同研究领域和观测领域、谋求 IPCC 观察员席位等。

IASC 设有执委会，由一名主席、四名副主席以及秘书组成，主席和副主席四年一届。秘书处在各国轮换，目前的秘书处设在德国的波斯坦，将于 2016 年到期。每年春季（通常在 4 月份）组织召开 ASSW 会议，会议承办方由各成员国向 IASC 理事会会议提出

① http://www.cryosphericsciences.org/documents/SCAR_IASC_IACS_MOU_final.pdf.

申请。除了 IASC 理事会和 IASC 工作组会议外，其他参加 ASSW 的机构包括：北极研究组织者论坛（Forum for Arctic Research Operators，简称 FARO）、PAG、欧洲极地委员会（EPB）、奥尔松科学管理者委员会（Ny-Ålesund Science Managers Committee，简称 NySMAC）、极地初期职业科学工作者协会（Association of Polar Early Career Scientists，简称 APECS）等组织，因而 ASSW 是北极科学研究及其相关后勤支撑信息交流的年度盛会。近年来，ASSW 向 SCAR 学习，除了安排事务性会议外，每隔一届会安排为期 3 天的学术专题研讨会。

从 2008 年开始，IASC 参照 SCAR 进行了改革，并成立大气、海洋、冰冻圈、陆地以及社会科学工作组（WG）。为了充实工作组，IASC 征求参与 ASSW 各组织的意见，是否愿意成为其工作组的一份子，包括 PAG 和 AOSB 在内的国际或区域性组织都进行了内部讨论。PAG 和 AOSB 选择了各自的发展道路，AOSB 选择融入 IASC，成为其海洋工作组；而 PAG 则选择保留相对独立，并与 IASC 签署了合作谅解备忘录。

（二）与 IASC 海洋工作组的关系（AOSB 前身）

IASC 海洋工作组的前身为北冰洋科学委员会（Arctic Ocean Science Board，简称 AOSB），成立于 1984 年，是一个非政府组织，负责协调从事北冰洋和邻近海域研究的国家和机构优先领域和项目。2001—2009 年，AOSB 成为 ASSW 的一部分以及 ASSW 计划协调组成员。2009 年并入 IASC 成为其海洋工作组，目前由 16 个国家的科研和政府机构组成。秘书处由美国国家科学基金委资助。

在并入 IASC 之前，AOSB 与 PAG 的性质类似，其主要的差别为研究范围和成员构成。AOSB 涉及整个北冰洋，成员为参与北极考察的所有国家；而 PAG 的研究区域为北冰洋太平洋扇区，成员国仅为 6 个北太平洋国家。所以从研究范围和成员而言，PAG 仅覆盖了 AOSB 的一部分。当然，两者的研究内容略有差别，AOSB 仅针对北极海域相关科学研究，而 PAG 涉及的不仅仅包括海洋，也包括陆地和社会科学等，只是目前主要集中在海洋。

在 AOSB 并入 IASC 后，其实际工作内容并没有大的改变，但可以从 IASC 获得少量的活动经费，并为 IASC 活动提供建议。

表 1 列举了两个组织的科学关注点，有共同关注的科学问题，也有各自关注的重点。其中北极快速变化、海冰动力和热力学、生态系统以及海洋沉积研究是共同关注点，但 IASC 海洋工作组关注地球化学过程，而 PAG 则更关注淡水和太平洋入流水的输入对北冰洋太平洋扇区的影响、近岸过程与海底永冻层动力学等。这两个方面是北冰洋太平洋扇区的特色。淡水输入的增加会增强北冰洋海盆盐跃层的存在，而太平洋入流水是加拿大海盆营养盐的主要来源；近岸海底永冻层动力学与该海域封存的巨量碳（甲烷）释放密切相关。

表 1　IASC 海洋工作组与 PAG 科学关注点的对比[①]

IASC 海洋工作组	PAG
北冰洋系统：预测并阐明北极快速变化	海洋和大气过程
海冰结构、动力学及在北极系统中的作用	淡水输入与太平洋入流水
生态系统对北极物理参数变化的响应	生态系统与气候变化生物学指示种
阐明北冰洋和亚北极海的地球化学过程	海冰热力学和动力学
简化北极的深海钻探	海底地形
跨领域	近岸过程与海底永冻层动力学
	海洋沉积的古气候记录

---

① http：//www.iasc.info/home/groups/working-groups/marineaosb/scientific-foci.

（三）与北极研究组织者论坛（FARO）①

FARO 并非研究组织，而是一个参与北极研究活动国家后勤管理者信息交流、建立合作以及形成新想法的论坛，其目标是简化和优化对北极科学考察的后勤和运行支撑。论坛鼓励所有参与北极研究机构的国际合作。

为北极后勤和研究计划建立一个论坛的想法由来已久。在1988 年 8 月，举行了有 11 个国家的 24 个机构代表参加的首次会议。会议同意启动论坛，并指派一个工作小组起草其职权范围，进行了任务的最初讨论。在 1999 年 4 月的 ASSW 会议期间举行了第二次会议，讨论了职权范围、代表资格和任务，并做了一些有益的澄清。此后 FARO 逐步发展，并在 ASSW 期间举行年度会议。

在 2014 年的 ASSW 会议上，FARO 专门邀请了南极 COMNAP（南极局局长理事会）代表对其机构进行介绍，希望能获得一些成功的经验，提升 FARO 在北极科考事务中的地位。

PAG 与 FARO 之间没有直接的联系，但 PAG 年度考察船信息的交流与 FARO 有重合的地方，因而有必要加强两个机构间的合作。目前两个机构间互有信息交流，邀请参加各自的会议进行情况介绍。在 2014ASSW 会议上，讨论了"北极海冰消亡：大气、海冰、海洋和生态系统观测"的 PAG 和 FARO 联合提案。

（四）与极地科学亚洲论坛（AFoPS）

亚洲国家有一个自己的极地协调组织——极地科学亚洲论坛（AFoPS）。它于 2004 年由中国极地研究中心、日本极地研究所和

———————

① http://faro-arctic.org.

韩国极地研究所发起成立，是一个极地考察和研究论坛。随着亚洲国家参与极地、特别是南极考察的兴趣的加深，该论坛成员国已发展到五国：中国、日本、韩国、印度和马来西亚，泰国为观察员国。主席由成员国轮值，每年举行一次会议，在成员国间轮流召开。最近一次的第 14 届会议于 2013 年 10 月 10—11 日在马来西亚槟城召开。AFoPS 目前更多的是进行信息交流、提供冬训和现场考察机会等，在成员为中、日、韩的时候，三国基金资助机构曾为各自的研究机构提供了"气候变化研究 AFoPS 合作研究网络"项目的经费，目前无合作研究项目。第一个 AFoPS 论文专辑于 2013 年在中国《Advances in Polar Science》第 4 期上发表。

目前 AFoPS 与 PAG 尚无实际性接触。AFoPS 主要关注南极，而 PAG 则仅关注北极；AFoPS 是亚洲国家的极地论坛，而 PAG 则是中、日、韩与美、加、俄三北极国家的工作组，开展北极合作相对容易。

三、PAG 目前开展的主要工作

（一）北冰洋太平洋扇区年度现场考察

目前在该海域考察最密集的是美国，每年会有数个航次的考察，考察区域主要集中在白令海、楚科奇海和波弗特海；加拿大主要的考察区域在加拿大北极区，即巴芬湾、西北航道和波弗特海，以及加拿大海盆。其"三海计划"（北大西洋、北冰洋和北太平洋）航次会经过楚科奇海和白令海，该航次会承担 DBO 断面考察任务；俄罗斯没有独立的调查航次，在 PAG 框架下目前仅有俄—美北极长期调查计划（Russian-American Long-term Census of the Arctic，简称 RUSALCA），但该计划集中在楚科奇海西部海域，因而不承担 DBO 任务；中国目前是每两年进行一次北极科学考察，考察区域主要集中在白令海、楚科奇海和加拿大海盆区，为多学科综合考察，每个航次通常承担 DBO1～2 个监测断面的考察；韩国每年开展北极考察，考察区域主要集中在白令海、楚科奇海以及楚科奇海边缘海域，重点是生态环境考察，承担 DBO 监测断面考察；日本每年进行北极考察，考察区域主要集中在楚科奇海边缘海域，重点是物理海洋学考察。

每年的 ASSW 会议期间，PAG 各成员都会交流各自的北极航次信息（包括承担 DBO 断面考察信息），提供可能的科学家船位，开展国际合作。

（二）DBO 断面的年度环境和生物学采样

DBO 断面（图 1 方框内虚线）是沿纬度梯度区域"热点"断面和站位，具有很高的生产力、生物多样性和变化速率，可作为一个监测北极生物—物理响应的长期监测阵列，由一国或多国完成，实现数据共享。设立 DBO 的主要依据为：（1）生物学响应和生态系统的变化极为显著，需要不同时空多学科现场采集数据；（2）北极许多在建的观测系统主要依托物理传感器，但不同尺度的生物学采样对于监测环境迫胁响应的生物学变化监测是必需的；（3）在一个规律性基础上的船基观测协调，联合卫星和锚系观测，可为北极生物学系统提供一个预警系统。

DBO 计划实施顺利并取得良好效果。若成员国每年只能获得 1～2 个时间按段的断面数据，但利用不同时间段到达断面的各国考察船数据，就可以获得较高分辨率的季节变化特征。如何利用获得的数据已提上议事日程。第一届 DBO 数据研讨会 2013 年 2 月 27 日至 3 月 1 日在美国西雅图召开，第二届会议将于 2014 年 10 月在美国召开。

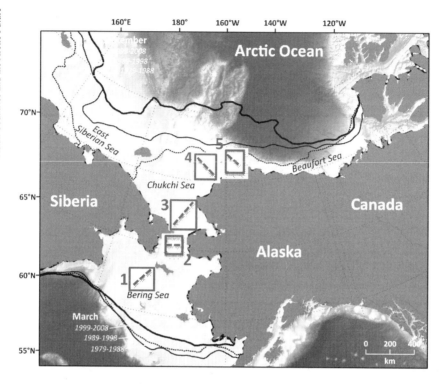

图1　DBO断面示意图（黑线为不同年际段的冬季和夏季冰缘）

（三）编制北冰洋太平洋扇区多学科专著

　　这是PAG重点工作之一，包含了一系列的学术交流和会议。编制的目的是展示研究成果、共享模式化研究信息、明确区域现状和最新发现、确定北极观测网络关键区域，并为未来PAG科学活动提供参考。工作组成立于2007年秋季，2008年在中国三亚举行模式研究讨论会，2009年在美国西雅图和中国厦门分别举行了生物学讨论会和海洋碳循环讨论会。2010年在挪威奥斯陆召开了专辑主要作者讨论会，对任务进行了分工。之后对各章组织力量进行撰写和修改。本书于 2014 年春季由 Springer 出版社出版。

本书共分 12 章，包括气象现状与未来变化、海冰长期与年际变化、物理海洋与陆架—海盆相互作用、北极气候与冰—海过程、西北冰洋碳的生物地球化学、生物多样性与生物地理学等，对北冰洋扇区以往的研究做了系统总结，也是太平洋扇区最新的总结成果，对于后续项目设计和科学研究具有重要指导作用。

（四）楚科奇海边缘区项目酝酿

太平洋入流水对北极太平洋扇区海洋的物理、化学和生物学过程影响显著，而楚科奇海边缘区是太平洋入流水进入加拿大海盆的主要区域之一。以往的研究显示，太平洋入流水从白令海峡进入楚科奇海后，主要部分从阿拉斯加巴罗角附近海域沿路坡进入加拿大海盆，但最近的研究表明，有的年份太平洋入流水的主要部分会从楚科奇海边缘海域直接进入加拿大海盆，直接影响海盆的热力学过程。

DBO 是 PAG 推行的第一个项目，是以生态学引领的研究项目，并且取得良好的效果。因而 PAG 拟在 DBO 项目的基础上，酝酿一个楚科奇海和加拿大海盆以物理海洋学引领的，围绕气候、海洋学、海—气相作用和模拟的项目。最近两年 PAG 已对该研究区域取得了共识，2014 年 ASSW 期间，就断面的设定进行了初步讨论。

四、PAG 发展的启示

我个人认为 PAG 是成功的，2010 年 4 月在格陵兰努克召开的 ASSW 期间，我们曾应邀参观了格陵兰大学。在一个教室的黑板上，见到了写得很小的"AOSB"和写得很大的"PAG"。我并不知道是谁写上去的，但不管是谁写的，这在一定程度上反映了当时的实际情况。PAG 协调上的成功和老牌 AOSB 在协调上的无助形成了鲜明的对比。当时 PAG 还只是协调考察名额，没有自己的研究计划，现在已有自己的研究计划了。我认为这也是在 ASSW 会议上最为老牌的 AOSB 最终选择融入 IASC、成为其海洋工作组的一个重要原因。实际上，在 IASC 的 5 个工作组中，唯有海洋工作组是由 AOSB 改组而成的，其他的几个工作组都是新成立的。而 AOSB 的历史甚至比 IASC 还要长。

其生命力的实质是在涉及北极主权利益的复杂背景下，让复杂问题简单化。我认为 PAG 能够发展，主要得益于以下两个方面的切入点：（1）有限目标、有限成员，由小到大：这点非常关键。在 AOSB 还没有正式成为 IASC 工作组前，是一个与 PAG 类似的组织，唯一的差别是 AOSB 还包括欧洲成员国，因而有近 20 个成员国，但 PAG 为 6 个；AOSB 针对的是整个北冰洋，而 PAG 针对的是北冰洋太平洋扇区，并且实际的切入点是太平洋入流水带来的物理、化学和生物学问题。大而全意味着各国无法合力开展研究。我也曾经作为 AOSB 的国家代表，总体感觉是每年的年会只是各种北冰洋相关项目的信息介绍，但 PAG 的切入点是各国考察船资源的共享信息。（2）课题先导，从繁就简：在各国考察船信息共享的基础上，在 2010 年北京召开的秋季工作会上，正式提出了北冰洋生物学断面监测计划（DBO），该计划集中在各成员国考察船前往北极考察都需要经过的白令海和楚科奇海，并集中在有限的 5 条断面；没有硬性任务，各国可以依据各自考察任务情况承担一个或多个断面的考察；没有规定非常高要求的参数，而只是统一了最基本的物理、化学和生物学参数，从而保证了各国在实施各国各自考察项目和内容的前提下，能够并且愿意承担不占用过多船时和资源的 DBO 断面调查。

张侠和屠景芳曾撰文分析：国际北极合作（多边）先后沿着

两条不同的路径进行。一条是域内国家主导的小集体合作，一条是域内外国家共同参与或联合国主导的大集体合作。[①] 而实际上，PAG 的合作则属于北极国际合作的第三条途径，那就是非北极国家与北极国家的小集体合作，可以这么认为，这是非北极国家参与北极事务的一条非常有效的途径。

当然，PAG 并非没有问题，最大的问题来自俄罗斯。俄罗斯对国际层面的合作并不积极，在北冰洋太平洋扇区，除了与美国在楚科奇海西部的合作项目外（RUSALCA），俄罗斯在 PAG 框架下并没有自己的考察航次，或者说它的考察都是完全独立进行的，并没有纳入到国际体系，甚至没有相关信息的共享。因而，在北冰洋太平洋扇区，有关俄罗斯专属经济区的调查资料基本是空白。这不仅仅是 PAG 的问题，而是整个北极科学研究面临的问题。由于俄罗斯北极陆架占了整个北冰洋一半以上的面积，因而若要在这些区域开展科学研究，必须与俄罗斯合作。在 200 海里专属经济区内不同意他国进行科学调查无可厚非，何况这些区域可能蕴藏着丰富的油气资源。目前在俄罗斯北极陆架区主要有个长期国际合作项目：（1）俄—美北极长期调查计划（RUSALCA），是针对白令海和楚科奇海海冰减少原因与结果的长期观测，始于 2004 年，开展多学科的水文、营养盐化学、大洋和底栖生物学、甲烷通量以及北极大气化学基线调查；（2）德—俄在"拉普捷夫海地球系统"合作项目（Geo-system in Laptev Sea），启动于 1993 年，旨在更好地了解拉普捷夫海特征，涉及水文、化学、生态、海冰和地质等多个专业。[②] 2013 年我国曾计划由国家海洋局第一海洋研究所牵头、与俄罗斯远东海洋研究所合作，在楚科奇海和东西伯利亚海开展海洋调

---

① 张侠、屠景芳："北极经济再发现下的国际合作状况研究"，《中国海洋法学评论》2011 年第 2 期，第 114—124 页。

② 何剑锋、吴荣荣、张芳等："北极航道相关海域科学考察研究进展"，《极地研究》2012 年第 2 期，第 187—196 页。

利用区域合作平台深入开展北极科学研究

查，考察租用俄罗斯的考察船，由中方承担船费，中方派一定比例的考察人员参与，就算是这样，俄罗斯的安全部门最后并没有同意相关的合作计划。我认为有两点可以解释这一现象：（1）之前的两个合作项目签署的时间较早，当时的俄罗斯需要表现出与欧美国家合作的姿态，而现在对北极关注的增强让俄罗斯不再愿意其他国家参与其专属经济区的调查；（2）由于美国和德国是美洲和欧洲的最强国家，我们也可以理解为，尽管目前中—俄有着非常良好的合作关系，但对俄罗斯真正的影响力并不如欧美，因为前面的两个项目在 2015 年后仍将继续。在这点上也可以很好地诠释西方国家在国际关系上"没有永远的朋友，只有永远的利益"的信条。国家的发展才是极地考察和极地权益维护最为坚强的后盾。

五、结语

在北极事务上，有一个很关键的组织——成立于 1996 年的北极理事会（Arctic Council），它由环北极八国以及这些国家的 6 个原住民组织组成。近年来随着北极问题受关注程度的不断提高，出现了北极理事会对北极事务的主导甚至垄断的发展趋势①。2013 年 5 月 15 日在瑞典基律纳召开的北极理事会第八次部长会议上，中国、日本、韩国、新加坡、印度和意大利成为正式观察员国，为我国北极事务信息获取开辟了新通道，但观察员国并没有表决权，意味着我们仍然没有参与北极理事会相关事务的决策权。

科学考察是我国参与北极事务的一个低敏感度、最有效的途径，但泛北极的多边合作由于参与国家过多，反而无法进行有效的

---

① 陈玉刚、陶平国、秦倩："北极理事会与北极国际合作研究"，《国际观察》2011 年第 4 期，第 17—23 页。

协调，更多的情况是提供一个指导性的文件，如"国际极地年计划"（IPY2007 - 2008），各国在这个基础上制定了各自的行动计划；而 IASC 目前正在实施的"第三届北极科学计划国际会议"（The 3rd International Conference of Arctic Reserach Planning，简称 ICARPIII），也只是给各国实施北极计划提供一个指导性文件，而非项目。因而对于一些实质性的项目实施，小范围的合作往往效率更高，如 PAG；而对于更为实际的合作，双边合作则更容易获得成功。事实上，在 PAG 的框架下，韩国与美国、日本与加拿大均有各自的双边合作项目。我国的北极考察，既要积极跟踪国际科学前沿，指导我国的北极考察研究；更要积极推进实质性的双边或多边国际合作，积极拓展我国的北极考察研究空间，结合国家需求，积极服务于我国的北极科学研究和支撑我国的国民经济建设。

图书在版编目（ＣＩＰ）数据

亚洲国家与北极未来/杨剑主编. —北京：时事出版社，
2015.4
ISBN 978-7-80232-805-1

Ⅰ.①亚…　Ⅱ.①杨…　Ⅲ.①北极—政治地理学—研究
Ⅳ.①P941.62

中国版本图书馆 CIP 数据核字（2015）第 045882 号

出 版 发 行：时事出版社
地　　　　址：北京市海淀区万寿寺甲 2 号
邮　　　　编：100081
发 行 热 线：（010）88547590　88547591
读 者 服 务 部：（010）88547595
传　　　　真：（010）88547592
电 子 邮 箱：shishichubanshe@ sina. com
网　　　　址：www. shishishe. com
印　　　　刷：北京昌平百善印刷厂

开本：787×1092　1/16　印张：17.75　字数：230 千字
2015 年 4 月第 1 版　2015 年 4 月第 1 次印刷
定价：72.00 元
（如有印装质量问题，请与本社发行部联系调换）